Ergebnisse der Anatomie und Entwicklungsgeschichte
Advances in Anatomy, Embryology and Cell Biology
Revues d'anatomie et de morphologie expérimentale
Springer-Verlag · Berlin · Heidelberg · New York

This journal publishes reviews and critical articles covering the entire field of normal anatomy (cytology, histology, cyto- and histochemistry, electron microscopy, macroscopy, experimental morphology and embryology and comparative anatomy). Papers dealing with anthropology and clinical morphology will also be accepted with the aim of encouraging co-operation between anatomy and related disciplines.

Papers, which may be in English, French or German, are normally commissioned, but original papers and communications may be submitted and will be considered so long as they deal with a subject comprehensively and meet the requirements of the Ergebnisse.

For speed of publication and breadth of distribution, this journal appears in single issues which can be purchased separately; 6 issues constitute one volume.

It is a fundamental condition that manuscripts submitted should not have been published elsewhere, in this or any other country, and the author must undertake not to publish elsewhere at a later date.

25 copies of each paper are supplied free of charge.

Les résultats publient des sommaires et des articles critiques concernant l'ensemble du domaine de l'anatomie normale (cytologie, histologie, cyto et histochimie, microscopie électronique, macroscopie, morphologie expérimentale, embryologie et anatomie comparée. Seront publiés en outre les articles traitant de l'anthropologie et de la morphologie clinique, en vue d'encourager la collaboration entre l'anatomie et les disciplines voisines.

Seront publiés en priorité les articles expressément demandés nous tiendrons toutefois compte des articles qui nous seront envoyés dans la mesure où ils traitent d'un sujet dans son ensemble et correspondent aux standards des «Résultats». Les publications seront faites en langues anglaise, allemande et française.

Dans l'intérêt d'une publication rapide et d'une large diffusion les travaux publiés paraîtront dans des cahiers individuels, diffusés séparément: 6 cahiers forment un volume.

En principe, seuls les manuscrits qui n'ont encore été publiés ni dans le pays d'origine ni à l'étranger peuvent nous être soumis. L'auteur d'engage en outre à ne pas les publier ailleurs ultérieurement.

Les auteurs recevront 25 exemplaires gratuits de leur publication.

Die Ergebnisse dienen der Veröffentlichung zusammenfassender und kritischer Artikel aus dem Gesamtgebiet der normalen Anatomie (Cytologie, Histologie, Cyto- und Histochemie, Elektronenmikroskopie, Makroskopie, experimentelle Morphologie und Embryologie und vergleichende Anatomie). Aufgenommen werden ferner Arbeiten anthropologischen und morphologisch-klinischen Inhaltes, mit dem Ziel die Zusammenarbeit zwischen Anatomie und Nachbardisziplinen zu fördern.

Zur Veröffentlichung gelangen in erster Linie angeforderte Manuskripte, jedoch werden auch eingesandte Arbeiten und Originalmitteilungen berücksichtigt, sofern sie ein Gebiet umfassend abhandeln und den Anforderungen der „Ergebnisse" genügen. Die Veröffentlichungen erfolgen in englischer, deutscher oder französischer Sprache.

Die Arbeiten erscheinen im Interesse einer raschen Veröffentlichung und einer weiten Verbreitung als einzeln berechnete Hefte; je 6 Hefte bilden einen Band.

Grundsätzlich dürfen nur Manuskripte eingesandt werden, die vorher weder im Inland noch im Ausland veröffentlicht worden sind. Der Autor verpflichtet sich, sie auch nachträglich nicht an anderen Stellen zu publizieren.

Die Mitarbeiter erhalten von ihren Arbeiten zusammen 25 Freiexemplare.

Manuscripts should be addressed to / Envoyer les manuscrits à / Manuskripte sind zu senden an:

Prof. Dr. A. BRODAL, Universitetet i Oslo, Anatomisk Institutt, Karl Johans Gate 47 (Domus Media), Oslo 1/Norwegen.

Prof. W. HILD, Department of Anatomy, The University of Texas Medical Branch, Galveston, Texas 77550 (USA).

Prof. Dr. R. ORTMANN, Anatomisches Institut der Universität, 5 Köln-Lindenthal, Lindenburg.

Prof. Dr. T. H. SCHIEBLER, Anatomisches Institut der Universität, Koellikerstraße 6, 87 Würzburg.

Prof. Dr. G. TÖNDURY, Direktion der Anatomie, Gloriastraße 19, CH-8006 Zürich.

Prof. Dr. E. WOLFF, Collège de France, Laboratoire d'Embryologie Expérimentale, 49 bis Avenue de la belle Gabrielle, Nogent-sur-Marne 94/France.

Ergebnisse der Anatomie und Entwicklungsgeschichte
Advances in Anatomy, Embryology and Cell Biology
Revues d'anatomie et de morphologie expérimentale

40 · 1

Editores
A. Brodal, Oslo · W. Hild, Galveston · R. Ortmann, Köln
T. H. Schiebler, Würzburg · G. Töndury, Zürich · E. Wolff, Paris

Hans-Rainer Duncker

Die extracutanen Melanocyten der Echsen (Sauria)

Mit 14 Abbildungen

Springer-Verlag Berlin Heidelberg GmbH 1968

Dr. rer. nat. Dr. med. Hans-Rainer Duncker
Anatomisches Institut der Universität Hamburg

ISBN 978-3-662-24158-5 ISBN 978-3-662-26270-2 (eBook)
DOI 10.1007/978-3-662-26270-2

Alle Rechte vorbehalten. Kein Teil dieses Buches darf ohne schriftliche Genehmigung des
Springer-Verlag Berlin Heidelberg GmbH.
übersetzt oder in irgendeiner Form vervielfältigt werden

Library of Congress Catalog Card Number 64-20582

Titel Nr. 4459.

© Springer-Verlag Berlin Heidelberg 1968
Ursprünglich erschienen bei Springer-Verlag Berlin · Heidelberg 1968

Die Wiedergabe von Gebrauchsnamen, Handelsnamen, Warenbezeichnungen usw. in dieser Zeitschrift berechtigt auch ohne besondere Kennzeichnung nicht zu der Annahme, daß solche Namen im Sinne der Warenzeichen- und Markenschutz-Gesetzgebung als frei zu betrachten wären und daher von jedermann benutzt werden dürften

Inhalt

Einleitung 7
Material und Methode 8
Lichtmikroskopische Befunde 10
  1. Vorkommen der Pigmentzellen 10
  2. Form der Melanocyten 11
  3. Beeinflussung der Melanocytenform durch den histologischen Raum . . 13
  4. Verhalten der Melanocyten zueinander 17
  5. Abweichendes Verhalten der Melanocyten an bestimmten Orten 19
  6. Beziehungen zwischen der Bindegewebsstruktur bestimmter Lokalitäten und der Dichte und Form ihrer Pigmentierung 22
  7. Artspezifität der Melanocyten-Ausbildung 24
  8. Größe der Melanocyten 24
  9. Verteilung der Melanosomen in der Zelle und ihre Verteilungsänderungen 26
  10. Wachstum und Teilung der Melanocyten 29
Elektronenmikroskopische Befunde 29
  1. Lagebeziehungen der Melanocyten 29
  2. Cytologie der Melanocyten 33
Besprechung der Befunde 36
  1. Herkunft der extracutanen Pigmentzellen 36
  2. Vorkommen der Pigmentzellen 37
  3. Verhalten der Melanocyten im Bindegewebe 38
  4. Verhalten der Melanocyten zueinander 39
  5. Ortsspezifische Beeinflussung der Melanocytenform und -dichte 41
  6. Artspezifität der Melanocytenform, Größe der Melanocyten und ihrer Areale 43
  7. Cytologie der extracutanen Melanocyten 44
  8. Wachstum und Teilung der extracutanen Melanocyten 45
  9. Abweichende Differenzierung einzelner Melanocyten-Vorkommen . . . 46
  10. Schlußbetrachtung 47
Zusammenfassung 48
Summary 49
Literatur 49
Sachverzeichnis 54

Einleitung

Knochenfische, Amphibien und Reptilien besitzen in ausgedehntem Maße extracutane Pigmentierungen. Bei diesen niederen Vertebraten kommen Pigmentzellen nicht nur in der Epidermis und reich ausgebildet im Corium vor, sondern auch an vielen Organen des Körperinneren, in teilweise weiter Ausdehnung. So sind die Dura mater und die Leptomeninx, das parietale Peritonaeum und die Mesenterien, Gefäße und Nerven, der Darm und die Keimdrüsen, das fettspeichernde Bindegewebe, das Periost und das Knochenmark mit Chromatophoren versehen, und zwar in jeweils spezifischer Auswahl der pigmentierten Strukturen bei der einzelnen Art. Bei den Vögeln und besonders bei den Säugern sind extracutane Pigmentierungen selten, nur vereinzelt sind Chromatophoren an inneren Organen zu finden, und ausgedehnte Pigmentierungen wie bei niederen Wirbeltieren sind ganz selten. Diese Verhältnisse waren den alten Autoren zum Teil bekannt, in alten und neueren vergleichend-anatomischen Werken sind Angaben über die Pigmentierung einzelner Organe verstreut (LEYDIG, 1857; HOFFMANN, 1890; ECKER-GAUPP, 1899 und 1904; HARDER, 1964).

In den zahlreichen und eingehenden Arbeiten über die Chromatophoren der Haut, über die Entwicklung der Pigmentzellen und über ihre Biologie finden sich, ebenso wie in manchen speziellen anatomischen Publikationen, gelegentlich Angaben über extracutane Pigmentzellen, mitunter ist auch eine Abbildung beigefügt (ZENNECK, 1894; BOLK, 1910; WERNER, 1911; FUCHS, 1914; FISCHEL, 1920; BIEDERMANN, 1926, 1928a und b; BALLOWITZ, 1931; THUMANN, 1931; HALLER VON HALLERSTEIN, 1934; SCHALTENBRAND, 1955; RAWLES, 1960; FIORONI, 1961; SOKOLOV, 1962; STARCK, 1964; PEHLEMANN, 1967a). Daneben sind Beschreibungen einzelner extracutaner Pigmentvorkommen, aber ohne Untersuchung des übrigen Organismus auf innere Pigmentierungen, veröffentlicht worden (BITTNER, 1925; STIEVE, 1931; BAADER, 1935; MATHIS, 1936; LIPPAY, 1938; ADLER, 1939; DAWSON, 1953; LÜLING, 1957; KOMNICK, 1961; DOMINIC and RAMAMURTHY, 1962; SOKOLOV, 1963; HELMY and HACK, 1965). In Übersichten über das Pigmentzellsystem der Wirbeltiere sind auch extracutane Pigmentzellvorkommen mehr oder weniger weitgehend berücksichtigt worden, so von DUSHANE (1943, 1944) für die Amphibien und für die Vögel und von BILLINGHAM and SILVERS (1960) für die Säuger.

Speziell mit dem extracutanen Anteil des Pigmentzellsystems der Wirbeltiere haben sich nur wenige Arbeiten befaßt. WEIDENREICH (1912) stellt die ihm bekannten cutanen und extracutanen Pigmentierungen bei allen Vertebraten in einem hypothetischen System zusammen, ohne neue Ergebnisse beizutragen. Einige Arbeiten befassen sich mit speziellen Fragen der Chromatophoren-Biologie anhand einzelner extracutaner Pigmentierungen, besonders solchen des Peritonaeum der Teleostier oder Amphibien (FLEMMING, 1890; ZIMMERMANN, 1890; FISCHEL, 1920; BALLOWITZ, 1913b, 1920; BYTINSKI-SALZ, 1957). Eine Reihe weiterer Arbeiten untersuchte das Vorkommen extracutaner Melanocyten bei einer neugezüchteten Mäuserasse (zusammengefaßt von REAMS, 1963). LUBNOW (1956, 1957) hat die sehr auffälligen, ausgedehnten extracutanen Pigmentierungen einer Haushuhnrasse beschrieben. ANDRES (1963) hat bei einer experimentellen Analyse der larvalen Zeichnungsmusterentwicklung von fünf Anuren-Arten die Entstehung extracutaner Pigmentierungen zu einem Teil verfolgt und beschrieben. Eine vergleichende Untersuchung bei niederen Vertebraten, die das ganze extracutane Pigmentzellsystem erfaßt, und die auch die Variationsbreite dieser Pigmentierungen in einer Verwandtschaftsgruppe darstellt, liegt bisher nur für die Familie der Gekkoniden vor (DUNCKER, 1964, 1965).

Die funktionelle Problematik dieser Pigmentierungen wurde zum Teil geklärt (ŠEĆEROV, 1912; KRÜGER und KERN, 1924; KRÜGER, 1929 und 1931; KRÜGER und DUSPIVA, 1933). Die Chromatophoren sind das entwicklungsgeschichtlich und -physiologisch am besten bekannte Zellsystem des Wirbeltierorganismus (Zusammenfassung bei DALTON, 1953; LEHMAN and YOUNGS, 1959; NIU, 1959; WILDE, 1961). Alle extracutanen Pigmentzellen entstammen ebenso wie alle cutanen Chromatophoren der Neuralleiste bzw. dem cranialen oder caudalen Neuralwulst und stellen nur ortsspezifisch verschiedene Differenzierungen dar (RAWLES, 1945; REAMS, 1956; ANDRES, 1963). Durch eine große Zahl von Arbeiten (Zusammenfassung bei KOECKE, 1959 und ANDRES, 1963; dazu BRICK and DALTON, 1963; LANDESMAN and DALTON, 1964; ANDRES und STEINICKE, 1965) haben wir Einblick in das Zusammenspiel zwischen auswandernden Chromatoblasten und verschiedenen Geweben, so daß wir die Entstehung extracutaner Pigmentmuster in ihrer Variationsbreite verstehen können.

Im Gegensatz zu den Chromatophoren der Haut (SCHMIDT, 1912, 1913, 1918; FUCHS, 1914; BIEDERMANN, 1926, 1928a und b; BALLOWITZ, 1931) sind die extracutanen Pigmentzellen in ihrer Lage und Differenzierung nahezu unbekannt geblieben. Bei den Echsen findet sich eine große Mannigfaltigkeit von Form und Lage der extracutanen Pigmentzellen. Es erschien mir deshalb interessant, die vielfältige Abwandlung der Form dieser Pigmentzellen in der Abhängigkeit vom Ort ihrer Anlagerung, von der histologischen Struktur der Gewebe und von der Dichte der Pigmentierung darzustellen. Ergänzt werden diese Befunde durch eine cytologische Untersuchung der extracutanen Pigmentzellen, die in der Regel zu unbeweglichen „Pigmentsäcken" differenziert sind. Dabei wird sich zeigen, daß die große Formenmannigfaltigkeit bei monotoner cytologischer Ausbildung gut mit den entwicklungsphysiologischen Kenntnissen des Pigmentzellsystems übereinstimmt.

Material und Methode

Aus allen größeren Familien der Echsen (Sauria) wurden jeweils einige Arten auf die Lage und die Form ihrer extracutanen Pigmentzellen hin in Lupenpräparation untersucht. Es wurden nur auspigmentierte Chromatophoren bei adulten Tieren berücksichtigt. Dabei wurden die Pigmentierungen der Leber und der Milz sowie die von der Sklera des Bulbus oculi umschlossenen Pigmentzellen für diese Untersuchungen ausgeklammert. Der Beschreibung ist die Nomenklatur für die melaninhaltigen Zellen von GORDON (1953) in der weiteren Präzisierung durch FITZPATRICK et al. (1966a und b) zugrunde gelegt. Für die Pigmentierungsdichte wurde eine Skala von 6 Stufen (DUNCKER, 1964) benutzt:

1. nicht pigmentiert, Pigmentzellen fehlen vollständig;

2. sehr locker pigmentiert, der Abstand der Pigmentzellen voneinander ist größer als der Durchmesser einer Pigmentzelle mit Fortsätzen;

3. locker pigmentiert, der Abstand der Zellen ist geringer als ein Zelldurchmesser, aber die Fortsätze behalten alle einen gewissen Abstand voneinander;

4. dicht pigmentiert, die Zellen nehmen mit ihren Fortsätzen Kontakt auf, so daß die Zellen mit den von ihnen eingenommenen Bezirken aneinander grenzen;

5. sehr dicht pigmentiert, die Zellbezirke sind kleiner, die Fortsätze meist kürzer und dicker, so daß eine höhere Pigmentdichte erreicht wird;

6. geschlossen pigmentiert, die Zellen liegen aufgrund ihrer Form und Lagerung so dicht, daß nur ganz geringe oder gar keine pigmentfreien Stellen mehr vorhanden sind.

Zur Ergänzung der lupenpräparatorischen Befunde wurden bei folgenden Arten durch jeweils eine Reihe verschiedener Organe bzw. ganzer Körperregionen histologische Schnittserien angefertigt:

Lacertidae: Lacerta viridis (LAURENTI), *Algyroides fitzingeri* (SIEGMANN);
Iguanidae: Anolis carolinensis DUMERIL und BIBRON und
Chamaeleontidae: Chamaeleo jacksoni BOULENGER.

Da histologische Schnitte über die Form der Pigmentzellen unzureichenden Aufschluß geben, wurden unter dem Stereomikroskop Häutchenpräparate der verschiedenen pigmentierten Strukturen angefertigt, und zwar von folgenden Arten, meist von mehreren Individuen:

Gekkonidae: Tarentola mauritanica (L.), *Tarentola delalandii* (DUMERIL und BIBRON), *Phelsuma madagascariensis* GRAY, *Uroplatus fimbriatus* (SCHNEIDER);
Chamaeleontidae: Chamaeleo jacksoni BOULENGER, *Chamaeleo pumilus* DAUDIN, *Chamaeleo ventralis* GRAY;
Agamidae: Agama bibroni DUMERIL, *Amphibolurus muricatus* (WITHE), *Calotes versicolor* (DAUDIN);
Iguanidae: Anolis carolinensis DUMERIL und BIBRON, *Sceloporus occidentalis* BAIRD and GIRARD, *Tropidurus semitaeniatus* (SPIX);
Lacertidae: Lacerta viridis (LAURENTI), *Lacerta sicula campestris* (DE BETTA), *Acanthodactylus cantoris* GÜNTHER, *Psammodromus algirus* (L.);
Scincidae: Sphenomorphus quoyi (DUMERIL und BIBRON), *Mabuya trivittata* (CUVIER);
Teiidae: Teius teyou (DAUDIN);
Anguidae: Gerrhonotus coeruleus WIEGMANN.

Die Häutchen wurden aus den mit 4% Formaldehyd fixierten Tieren möglichst schonend und großflächig herauspräpariert und ungefärbt in Glycerin unter einem Deckglas eingebettet, das mit Eukitt oder Entellan umrandet wurde.

Zur Untersuchung der genauen Lagebeziehung der Melanocyten im Gewebe und zur Beurteilung ihrer cytologischen Differenzierung wurden von vier Arten:

Iguanidae: Anolis carolinensis DUMERIL und BIBRON;
Agamidae: Liolepsis bellii (GRAY);
Gekkonidae: Phelsuma madagascariensis GRAY, und
Lacertidae: Lacerta viridis (LAURENTI)

aus jeweils 12 oder mehr verschiedenen Geweben oder Organen bei mindestens 2 Tieren pro Art Stücke zu elektronenmikroskopischen Präparaten verarbeitet[1]. Die Gewebsstücke wurden einmal sofort nach der Dekapitation herausgeschnitten und in eisgekühlter 1%iger OsO_4/K_2CrO_7-Lösung nach DALTON fixiert, zum anderen wurde von jeder Art auch mindestens ein Tier nach der Dekapitation in gekühlte 2,7%ige Glutaraldehyd-Lösung in Phosphatpuffer nach SÖRENSEN nach der raschen Eröffnung der Leibeshöhle, des Schädels und anderer zu untersuchender Organe eingelegt, später einzelne Gewebsstücke herauspräpariert und mit Osmium nach DALTON nachfixiert. Das Material wurde zu einem geringeren Teil in Methacrylat, zu einem größeren Teil in Vestopal W eingebettet. Die Schnitte wurden entweder nach KARNOVSKY oder nach REYNOLDS mit Bleihydroxyd bzw. -citrat kontrastiert. Um über die Beziehungen zwischen Pigmentzellen und umgebendem Gewebe ausreichenden Aufschluß zu erhalten, wurden Montagen von zusammenhängenden Einzelaufnahmen hergestellt.

---

[1] Für umfangreiche Hilfe bei der Herstellung der elektronenmikroskopischen Präparate danke ich Fräulein Dr. BREUCKER, Frau RICHTER und Fräulein ROOSEN-RUNGE sehr herzlich.

Lichtmikroskopische Befunde

1. Vorkommen der Pigmentzellen

Weder bei der Lupenpräparation noch im histologischen oder elektronenmikroskopischen Schnitt wurden extracutan jemals andere Pigmentzellen als Melanocyten gefunden. Andere Chromatophoren, also Xanthophoren, Erythrophoren und Guanophoren, sind bei den Echsen nur in der Cutis vorhanden.

In artspezifisch stark wechselnder Weise sind folgende Organe und Gewebe des Körperinneren mit Melanocyten besetzt: Dura mater encephali und spinalis, Leptomeninx des Gehirns und des Rückenmarkes, Spinalnerven, Truncus sympathicus, Perikard, Aortenstämme des Herzens und Aorta mit größeren Gefäßen, regional kleinere Gefäße; das parietale Peritonaeum, die Mesenterien, die Peritonealüberzüge, Kapseln und Ligamente der Nieren und Keimdrüsen, der Darm zwischen seinen Muskelschichten, das Bindegewebe um Pharynx und Oesophagus sowie das Bindegewebe um viele Gefäß-Nervenstränge, das fettspeichernde Bindegewebe und das Knochenmark, die Muskulatur und die Fascien, das Periost und das Perichondrium, die Sinnesorgane in der bindegewebigen Umhüllung ihrer verschiedenen Teile, wie Saccus, Utriculus, Bogengänge und Ductus endolymphaticus, Vor- und Haupthöhle der Nase, Jacobsonsches Organ, Fascien der äußeren Augenmuskeln, Kapsel der Harderschen Drüse. Diese Pigmentierungen wurden bei *mehreren* Arten gefunden. Melanocyten in der Glandula thyreoidea, in der Submucosa eines Eileiterabschnittes, oder auf den Lungen wurden nur bei jeweils *einer* Art festgestellt. Knochen und Knorpel, Sehnen und Bänder, alle epithelialen Gewebe (außer der Epidermis) und auch das Gewebe von Gehirn und Rückenmark enthalten niemals Pigmentzellen.

Bei keiner Art sind alle diese Strukturen pigmentiert. Bei der einzelnen Art ist nur eine kleine, spezifische Auswahl von ihnen mit Melanocyten besetzt, und die pigmentierten Strukturen sind nur in begrenzter, spezifischer Ausdehnung mit Melanocyten versehen. In seiner Gesamtheit ist das extracutane Pigmentierungsmuster ebenso *artspezifisch*, wie es das cutane Farbmuster ist. Die Möglichkeit, die beobachteten Pigmentierungen als Besatz bestimmter Gewebe oder Organe mit Melanocyten aufzuzählen, zeigt, daß das Vorkommen der Pigmentzellen im Körperinneren *gewebs-* oder *organspezifisch* ist. Bei genauer Betrachtung einzelner Pigmentierungsmuster unter der Lupe ist dann festzustellen, daß sich häufig kollagene Faserzüge, Muskelfasern, Nerven oder Gefäße in der Pigmentierung abzeichnen oder durch Aussparung hervortreten. Die feine Ausgestaltung des Pigmentmusters wird von der histologischen Struktur der Gewebe bestimmt.

Diese Befunde zeigen ein Grundverhalten der Melanocyten, das in gleicher Weise aus den histologischen und elektronenoptischen Schnitten abgelesen werden kann: die extracutan vorkommenden Melanocyten finden sich nur in Räumen, die im Bindegewebe auch ohne ihre Anwesenheit vorhanden sind und deren Beschaffenheit dann die Ausgestaltung der Pigmentierung im einzelnen bestimmt. Melanocyten besiedeln nur das *lockere Bindegewebe* sowie das Fettgewebe und Knochenmark, zwei Formen des *retikulären Bindegewebes*. Dabei ist die Besiedelung dieser beiden Typen des Bindegewebes unterschiedlich. Nur im retikulären Bindegewebe wird bei einer Pigmentierung stets der ganze vorhandene Raum von den Melanocyten *gleichmäßig* in der jeweils spezifischen Dichte *durchsetzt*.

Im lockeren Bindegewebe durchdringen die Melanocyten dagegen nicht den ganzen zur Verfügung stehenden Raum, sondern sie *lagern sich* bevorzugt, meist sogar ausschließlich, in dünner Schicht den Oberflächen, den *Grenzflächen* bestimmter Gewebe oder Organe an. So entstehen im lockeren Bindegewebe *flächige* Pigmentierungen an einzelnen Organen, während der darüberliegende Raum melanocytenfrei bleibt. Deshalb ist es möglich, von der Pigmentierung einzelner Organe zu sprechen, obwohl die Melanocyten nicht in ihnen, sondern nur an ihnen im lockeren Bindegewebe liegen. Es können auf diese Weise auch Organe, die aus straffem Bindegewebe, Knorpel oder Knochen aufgebaut sind und denen, wie auch dem Gehirn und den epithelialen Geweben, lockeres Bindegewebe fehlt, an ihrer Oberfläche pigmentiert sein. Die Melanocyten sind dem straffen Bindegewebe der Organkapsel in der ersten Schicht lockeren Bindegewebes direkt angelagert. So klärt sich der Widerspruch zwischen der Vielzahl pigmentierter Organe und dem ausschließlichen Vorkommen der Melanocyten im lockeren Bindegewebe.

2. Form der Melanocyten

Die im Inneren des Körpers liegenden Melanocyten sind weitaus vielfältiger ausgebildet als es die cutanen Melanocyten und Melanophoren jemals bei den

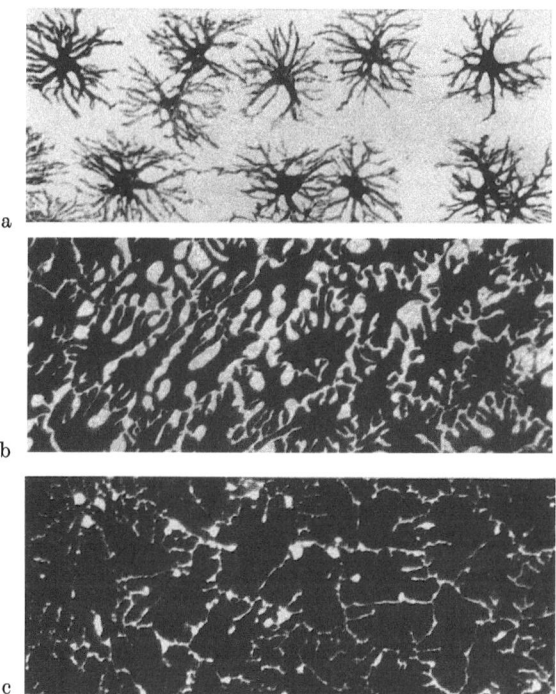

Abb. 1a—c. Abhängigkeit der Form der Melanocyten von der Dichte der Pigmentierung bei einer Art. Ungefärbte Häutchenpräparate (ungef. H.) von *Tarentola mauritanica*. (Vergr. 143fach.) a Arachnoidea dorsal über dem Telencephalon. Optimal sternförmig entwickelte Melanocyten bei lockerer Pigmentierung: „Grundform der extracutanen Melanocyten". b Parietales Peritonaeum aus der Körpermitte. Reduktion der Fortsätze der Melanocyten bei sehr dichter Pigmentierung. c Caudales parietales Peritonaeum. Polygonale, in Andeutung gelappte Melanocyten-Platten bei geschlossener Pigmentierung

Echsen sind. Die Form der Melanocyten wechselt nicht nur von Organ zu Organ, sondern zum Teil auch sehr erheblich an verschiedenen Stellen eines Organes. Außerdem finden sich oft beim Vergleich verschiedener Arten an entsprechenden Organstellen ähnlich gestaltete Pigmentzellen. Seltener sind die Melanocyten entsprechender Organstellen bei verschiedenen Arten von sehr unterschiedlicher Form.

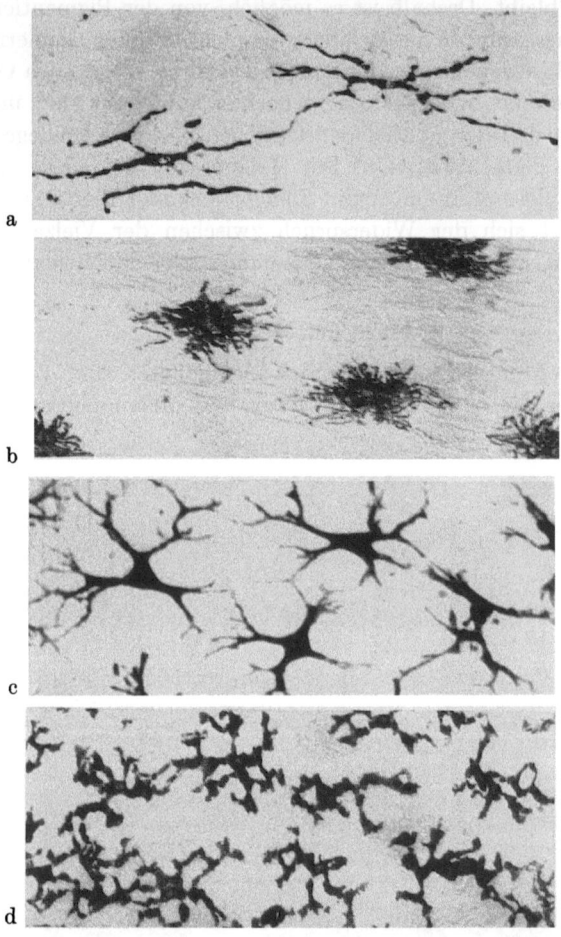

Abb. 2a—d. Unterschiedliche Form der Melanocyten bei verschiedenen Arten an verschiedenen Orten. (Ungef. H., Vergr. 143fach.) a *Tropidurus semitaeniatus*, parietales Peritonaeum des Beckens zwischen Niere und abdominalem Fettkörper. Melanocyten mit wenigen, sehr langen Fortsätzen. b *Lacerta viridis*, Peritonaeum von der Basis des Fettkörpers. Melanocyten mit sehr vielen, dünnen Fortsätzen. c *Phelsuma madagascariensis*, Fascie der äußeren Augenmuskeln. Melanocyten mit wenigen, aber reich aufgezweigten Fortsätzen. d *Lacerta sicula campestris*, Peritonaeum des abdominalen Fettkörpers. Melanocyten mit wenigen aufgezweigten, sehr breiten Fortsätzen

Die *Grundform* eines extracutanen Melanocyten stellt eine allseitig gleichmäßig ausgebildete, sternförmige Zelle mit zentral gelegenem Kern und vielen, sich aufzweigenden Fortsätzen dar. Sie ist im Fettgewebe und im Knochenmark zu finden, wo sich der Melanocyt mit seinen Fortsätzen zwischen den Reticulumzellen in allen Richtungen des Raumes gleichmäßig entfalten kann, sofern er nicht nahe der Oberfläche liegt (Abb. 10a und c). Bei der flächigen Anlagerung der Melanocyten im lockeren Bindegewebe ist die Grundform der extracutanen Melanocyten dagegen in einer Ebene ausgebildet. Dort sind die Melanocyten zu sehr verschieden verzweigten Zellplatten entwickelt. Diese Zellplatten sind an großflächigen Organkapseln oder am parietalen Peritonaeum eben, aber sie können auch um einzelne Strukturen herumgebogen sein; ein plattenförmiger Melanocyt kann ein kleines Gefäß ganz umfassen. Die Grundform ist aber nur an mechanisch wenig beanspruchten und damit in ihrer Struktur nicht besonders ausgerichteten Gebilden wie der Arachnoidea cerebralis oder Teilen des parietalen Peritonaeum, das die caudalen, intraabdominalen Fettkörper umgibt, verwirklicht (Abb. 1a, 2b und d). An anderen Orten ist diese Form vielfältig abgewandelt. Zudem sind die extracutanen Melanocyten nur bei sehr lockerer, lockerer oder dichter Pigmentierung in ihrer Grundform anzutreffen. Diese Melanocyten mit ihren vielen, sich gleichmäßig ausbreitenden und aufzweigenden Fortsätzen haben Ähnlichkeit mit den cutanen Melanophoren der Echsenhaut, die man in der Epidermisoberfläche bei Ausbreitung der Pigmentgranula sieht. Bei den cutanen Melanophoren liegt der Zelleib aber in der Tiefe des Corium und die Fortsätze wenden sich alle der Epidermis zu, die extracutanen Melanocyten sind dagegen ganz in einer Ebene oder gleichförmig dreidimensional ausgebildet.

Wenn man eine größere Zahl pigmentierter Strukturen bei verschiedenen Arten untersucht, findet man eine mannigfaltige Abwandlung der Melanocyten-Grundform (Abb. 1a, 2a—d). Der Zelleib ist verschieden groß und die Zahl und Form der Fortsätze ist sehr unterschiedlich. Die Fortsätze sind wechselnd breit und lang und besitzen einen sehr verschiedenen Verzweigungsmodus. Obwohl eine große Variationsbreite der Grundform der extracutanen Melanocyten besteht, gehören die an einer bestimmten Lokalität bei einer bestimmten Art gefundenen Melanocyten ganz streng einer bestimmten Form an, die sehr genau zu definieren ist. Die Ausbildung der Form der Melanocyten ist also *spezifisch* für den jeweiligen Ort bei der gerade untersuchten Art.

3. Beeinflussung der Melanocytenform durch den histologischen Raum

Diese vielfältige, für den jeweiligen Ort spezifische Ausbildung der Melanocytenform setzt aber voraus, daß an der pigmentierten Struktur des lockeren Bindegewebes genügend Raum vorhanden ist, so daß die Melanocyten sich zu ihrer spezifischen Form entwickeln können. An einer Reihe von Orten fehlt diese Möglichkeit. In der Muskulatur, unter dem cranialen Peritonaeum und in so gestreckten Gebilden wie der cranialen Mesosalpinx gestattet der vorhandene Raum nur eine Ausbildung der Melanocyten zu langen Stäben (Abb. 3a—c, 4d). Bei dieser Extremform schließt sich an den Zelleib auf den beiden entgegengesetzten Seiten je ein gleichstarker Fortsatz an, so daß zwischen Kernbezirk und Fortsätzen kein äußerer Unterschied festzustellen ist. Auch die Anlagerung an sehr dünnen und gestreckten Strukturen, wie entlang kleiner Nerven und Gefäße, bestimmt die Melanocyten in gleicher Weise zu einer langen, stabförmigen Form, die damit auch den entlang der Gefäße gegebenen Räumen entspricht. Diese *Prägung* der Melanocytenform durch den vorhandenen Raum im lockeren Bindegewebe wird besonders deutlich, wenn die besiedelte Struktur lockerer und so der verfügbare Raum größer wird: Dann werden wieder mehr Fortsätze ausgebildet und die Grundform der Melanocyten tritt wieder auf. Ebenso verhalten sich die Melanocyten, wenn Gefäße und Nerven dicker werden und damit mehr Breite zur Entwicklung der Melanocytenform vorhanden ist.

An einer Reihe anderer Lokalitäten wird weniger die Form der Melanocyten, stärker aber das Muster der ganzen Pigmentierung von dem im Bindegewebe verfügbaren Raum beeinflußt. Im Bindegewebe unter der Schleimhaut um den Pharynx und Oesophagus herum, im Periost-Perichondrium zwischen Os nasale

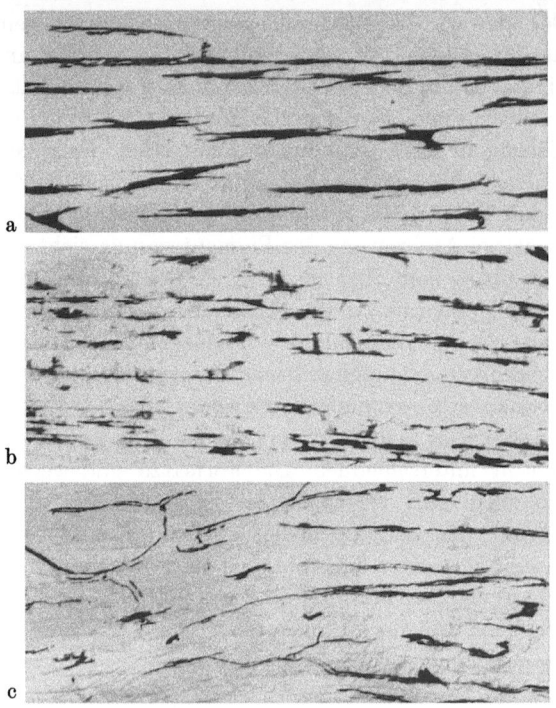

Abb. 3a—c. Stabförmige Ausbildung der Melanocyten als Folge der histologischen Struktur der Gewebe. (Ungef. H., Vergr. 55fach.) a *Phelsuma madagascariensis*, Vorderkante der cranialen, eileiterfreien Mesosalpinx. Zelleib und Fortsätze der Melanocyten sind streng ausgerichtet. b *Gerrhonotus coeruleus*, Muskulatur der caudalen Abdominalwand unter ihrer Fascie. Melanocyten in den Rillen zwischen den Muskelfasern straff ausgerichtet, einzelne Fortsätze erreichen die nächste Rille. c *Mabuya trivittata*, Muskulatur von der Halsseite. Melanocyten mit Fortsätzen den Gefäßen unmittelbar folgend

und knorpeliger Nasenkapsel oder zwischen den beiden Blättern der Dura mater encephali ist der vorhandene Raum so schmal, daß die in ihm verlaufenden Gefäße und Nerven sich in einer Aussparung des sonst gleichförmigen Melanocytenbesatzes abzeichnen. Die Melanocyten können sich dort nur seitlich der Gefäße und Nerven entwickeln. Ähnlich ist es bei der Pigmentierung unter dem cranialen Peritonaeum oder unter bestimmten Fascien, wo sich die Melanocyten bei einzelnen Arten bevorzugt in den Rillen ausbreiten, die von zwei Muskelfasern und dem darüberliegenden Peritonaeum oder Fascienblatt gebildet werden (Abb. 4a). Die Zelleiber der Melanocyten liegen in den Rillen, und nur einzelne Fortsätze zwängen sich zwischen einer Muskelfaser und der Fascie hindurch, um in der nächsten Rille weiter zu verlaufen (Abb. 3b). Unter dem cranialen Peritonaeum ist der Raum zwischen Epithel und Muskelfasern meist weiter, und oft ist in diesem Raum das peritoneale Bindegewebe stärker ausgebildet, und zwar mit fast senkrecht zu den Muskelfasern verlaufenden straff gerichteten Faserzügen. Diese

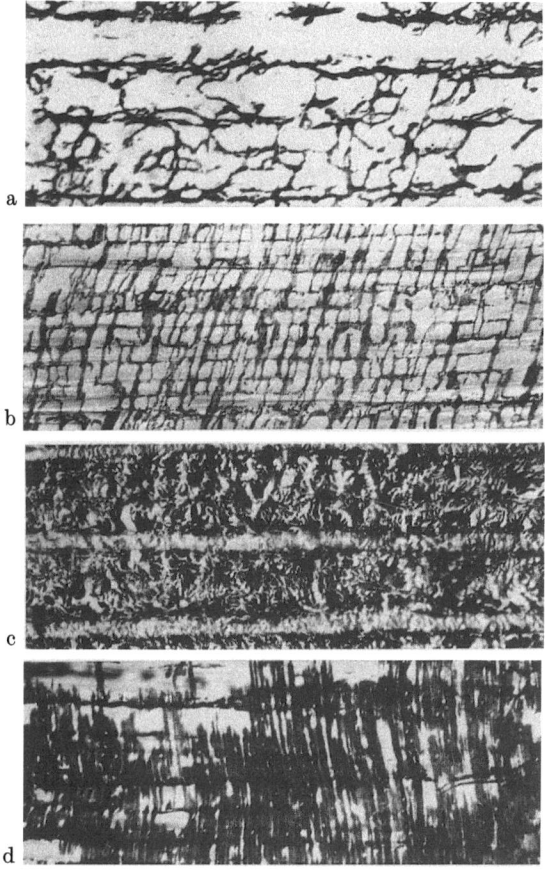

Abb. 4a—d. Bestimmung der Form und Entfaltung der Melanocyten durch die räumlichen Verhältnisse im lockeren Bindegewebe unter Fascien und cranialem parietalen Peritonaeum. (Ungef. H., Vergr. 63fach.) a *Gerrhonotus coeruleus*, Fascia transversalis. Melanocyten in den Rillen zwischen Muskelfasern, Fortsätze zum Teil zwischen Fascie und Muskelfasern hindurchziehend. b *Lacerta viridis*, craniales parietales Peritonaeum. Melanocyten teils in Rillen zwischen Muskelfasern, besonders Fortsätze senkrecht dazu durch peritoneales Bindegewebe ausgerichtet. c *Amphibolurus muricatus*, craniales parietales Peritonaeum. Relativ ungestörte Melanocytenausbildung, streifenförmig durch einzelne Muskelfasern eingeengt. d *Sphenomorphus quoyi*, parietales Peritonaeum, cranial des Ansatzes der cranialen Mesosalpinx. Extreme Ausrichtung von Zelleibern und Fortsätzen der Melanocyten durch peritoneales Bindegewebe

Faserzüge bestimmen dann die Ausrichtung der Melanocytenfortsätze, während die Zelleiber häufig in den Rillen zwischen den Muskelfasern liegen (Abb. 4b). Die Ausrichtung der Fasern des peritonealen Bindegewebes kann so straff und der dort verfügbare Raum so begrenzt werden, daß die Melanocyten sich einer stabförmigen Gestalt nähern (Abb. 4d).

Nicht immer zeigt sich die Struktur des Bindegewebes in der Ausrichtung des Zelleibes der Melanocyten oder ihrer Fortsätze. Ebenso häufig markiert sich der Verlauf von Muskelfasern, Nerven, Gefäßen oder Kollagenfaserbündeln dadurch, daß der darüber oder darunter liegende Teil der Melanocyten zusammengedrückt wird und weniger Pigmentgranula enthält und dadurch heller erscheint. So zeichnet sich in der geschlossenen Pigmentierung des caudalen Peritonaeum häufig ein feines Linienmuster der segmentalen Gefäßnervenstränge oder von Kollagenfasern ab. Auch im Bereich des cranialen Peritonaeum kann sich bei unbeeinflußter Ausbildung der Form der Melanocyten der Verlauf der Kollagen- und Muskelfasern lediglich durch Impression in einer geringeren Dichte der Pigmentgranula ausdrücken. Die Pigmentierung ist dann mit einem feinen Filigranwerk heller Linien überzogen, oder einzelne Muskelfasern zeichnen sich als parallele, hellere Streifen ab (Abb. 4c).

Neben den Pigmentierungen, die einen solchen *Abdruck* der Bindegewebsstruktur in den ausgebildeten Melanocyten zeigen, sind an einigen Orten, besonders im Perikard und unter Teilen des cranialen Peritonaeum, die Melanocyten durch die räumliche Struktur des Bindegewebes noch stärker verändert. Dort geht die Einengung der Melanocyten durch die Kollagenfaserbündel so weit, daß zur Formausbildung nur begrenzte rechteckige oder streifenförmige Räume zur Verfügung stehen, die die Pigmentzellen dann weitgehend ausfüllen. Dazu werden Fortsätze häufig durch das eine oder andere darüberziehende Faserbündel so stark eingeengt, daß sie an dieser Stelle keine Pigmentgranula mehr besitzen und ihr Zusammenhang mit einer Zelle nicht mehr zu erkennen ist. Auf diese Weise werden die Melanocyten optisch in wechselnd große, Melaningranula-haltige Rechtecke oder Streifen zerlegt, so daß eine Differenzierung in Zelleib und sich aufzweigende Fortsätze nicht mehr zu erkennen ist (Abb. 5a—d). Auf den ersten Blick fällt es schwer, Melanocyten als Elemente dieser Pigmentierungen zu erkennen.

Für alle hier beschriebenen Pigmentierungen im lockeren Bindegewebe gilt die flächige Anordnung der Melanocyten. Die Formänderungen und die Beeinflussungen durch den vorhandenen Raum erfolgen immer an einem in einer Ebene ausgebildeten Melanocyten. Nur entlang kleiner Gefäße und Nerven, z. B. in der Muskulatur, ist der Raum häufig so begrenzt, daß die Melanocyten sich mit dem einen oder anderen Fortsatz von Gefäß oder Nerven lösen und sich ins Bindegewebe zwischen die Muskelfasern erstrecken. Sobald Gefäß oder Nerv aber größer werden, sind die Melanocyten streng der Adventitia angelagert. Das weist auf die allgemeine Tendenz der Melanocyten hin, sich überall im lockeren Bindegewebe an Grenzflächen anzulagern. Es gibt keine direkte Pigmentierung der Muskulatur, sondern die Melanocyten folgen nur den Gefäßen und Nerven im Muskel. Sie unterscheiden sich also nicht von den anderen Melanocyten des lockeren Bindegewebes.

Das retikuläre Bindegewebe ist strukturell sehr einheitlich, verglichen mit dem lockeren Bindegewebe. So sind auch die Formänderungen der Melanocyten im Fettgewebe und Knochenmark, die relativ selten pigmentiert sind, sehr gering. Die Melanocyten sind in ihrer Grundform entwickelt, aber der dreidimensionalen Anlagerung im retikulären Bindegewebe entsprechend sind die nicht sehr zahlreichen Fortsätze in allen Richtungen des Raumes ausgebildet (Abb. 10a und c).

4. Verhalten der Melanocyten zueinander

Die extracutanen Melanocyten halten an den meisten Orten ihres Vorkommens einen nahezu *gleichen Abstand voneinander* ein (Abb. 1a—c, 2a—d und 4a—c). Dieses Verteilungsprinzip gilt für fast alle Pigmentierungen innerer Organe, und zwar bei der jeweils gegebenen art- und gewebsspezifischen Pigmentierungsdichte. Bei Pigmentierungen über größere Flächen ändert sich häufig die Dichte der vorhandenen Melanocyten; doch auch dabei bleibt das Prinzip gleichen Abstandes gewahrt, der Abstand aller Pigmentzellen voneinander wird nur kleiner oder größer. In diesem Grundprinzip der Verteilung der extracutanen Melanocyten liegt ein wesentlicher Unterschied zur cutanen Pigmentzellanordnung, bei der die Melanophoren besonders den Schuppen zugeordnet sind, während die Räume zwischen den Schuppen dünner besiedelt sind. Auch resultieren in der Haut aus dem Zusammenspiel der Melanophoren mit den anderen Pigmentzelltypen komplizierte Verteilungsmuster.

Ein weiteres Charakteristikum der extracutanen Melanocyten zeigt sich neben dem Einhalten eines allseits ungefähr gleichen Abstandes voneinander darin, daß jeder Melanocyt *ein eigenes Areal* einnimmt, in das kein anderer Melanocyt mit seinen Fortsätzen eindringt (Abb. 2a—d). Diese Areale sind, abhängig von der Pigmentierungsdichte, verschieden groß. Sie können so groß sein, daß ein gut ausgebildeter Melanocyt mit zahlreichen Fortsätzen nirgendwo die Grenzen seines Areales erreicht (Abb. 2b). Wird die Pigmentierung dichter, so stößt ein Melanocyt mit einzelnen Fortsätzen an seine und damit auch an die umliegenden Arealgrenzen (Abb. 1a, 2a und d). Wird die Pigmentierung noch dichter, so überlagern sich die sternförmigen Melanocyten nicht, ihre Fortsätze überkreuzen sich also in der Regel nicht und sie verzahnen sich auch nicht. Die Areale, die die einzelnen Melanocyten einnehmen, werden kleiner, und die Fortsätze werden kürzer, stummelförmig (Abb. 1b und 4c). Die Reduktion der Zellfortsätze geht bei zunehmender Dichte der Pigmentierung soweit, daß der Melanocyt nur noch ein polygonales, in Andeutung vielleicht gelapptes Gebilde darstellt, das sein Areal vollständig ausfüllt und an allen Seiten direkt gegen die nächsten Melanocyten stößt (Abb. 1c und 9a—d). Ohne daß irgendeine Überlagerung stattfindet, bilden die als vieleckige Platten eng zusammengeordneten Melanocyten eine geschlossene Pigmentierung in einer sehr dünnen Schicht, vergleichbar einem Mesothel oder Endothel. Die Zellplatten der Melanocyten schließen dabei häufig so eng zusammen, daß lichtmikroskopisch nur noch selten ein Spalt zwischen ihnen zu sehen ist. Eine geschlossene Pigmentierung wird also nicht durch Überlagerung sternförmiger Melanocyten erreicht, sondern durch die geschlossene Aneinanderlagerung flacher polygonaler Melanocyten.

Neben der räumlichen Beschaffenheit des Bindegewebes, in dem sich die Melanocyten anlagern, bestimmen der allseits gleiche Abstand und das Einhalten eines eigenen Areales, in das kein anderer Melanocyt eindringt, die Form der extracutanen Melanocyten. Nur dort, wo die Pigmentierung locker genug ist, kann der Melanocyt sich in seiner Grundform ausdifferenzieren, bei dichterer Pigmentierung ist die Ausbildung seiner Fortsätze zum Teil stark eingeschränkt oder gar unmöglich geworden. Das Einhalten eines allseits ungefähr gleichen Abstandes und eines eigenen Areals durch die Melanocyten ist besonders gut bei flächenhafter Pigmentierung, so am Peritonaeum, an Fascien, Organkapseln und

Hirnhäuten (Abb. 1a—c, 2a—d, 3a, 4a—d, 7a und 9a—d) zu beobachten, es ist aber auch im Fettgewebe, wo sich die Melanocyten in allen drei Richtungen des Raumes entfalten, noch sichtbar. Dieses Abstand- und Arealverhalten der Melanocyten ist durchgängig bei allen untersuchten Arten und an fast allen unter-

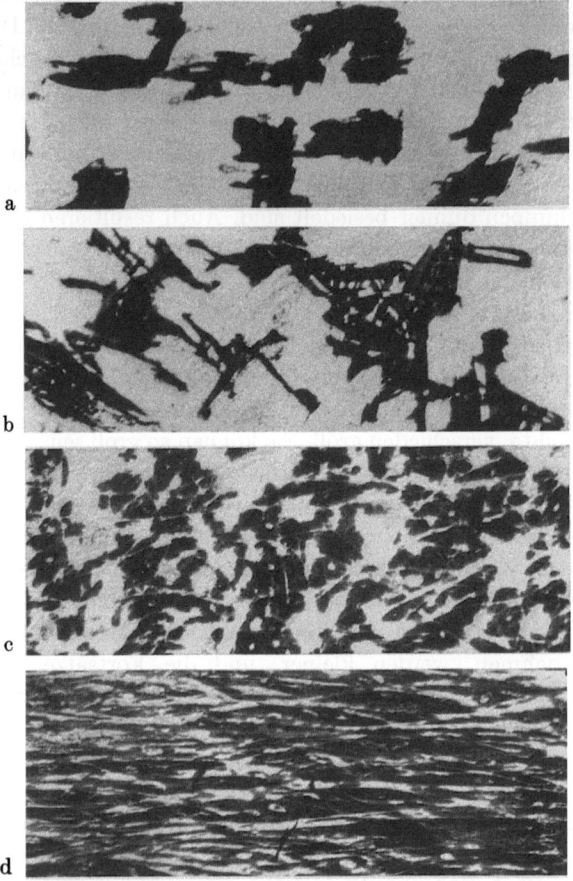

Abb. 5a—d. Extreme Formbestimmung mit partieller Zerlegung von Melanocytengruppen im Perikard und unter dem parietalen Peritonaeum. (Ungef. H., Vergr. 143fach.) a *Sphenomorphus quoyi*, ventrales Perikard. Melanocyten auf unregelmäßig rechteckige Räume zwischen den Kollagenfaserbündeln beschränkt. b *Agama bibroni*, ventrales Perikard. Melanocytengruppen durch Kollagenfaserzüge vielfältig zerlegt. c *Sphenomorphus quoyi*, Peritonaeum über der Niere. Faserzüge zeichnen sich deutlich in der dichten Melanocytenanlagerung ab. d *Chamaeleo ventralis*, craniales partietales Peritonaeum, dorsal am Ursprung des Mesogastrium. Kollagenfaserbündel zerlegen die sehr dichte Pigmentierung in schmale Melanosomen-haltige Streifen von Melanocytenteilen

suchten Geweben oder Organen eine streng eingehaltene Regel. Nur ganz selten findet man Pigmentierungen, bei denen sich die Fortsätze der Melanocyten in der Peripherie der Areale einmal ein kurzes Stück überlagern. Das ist aber nur gelegentlich bei sternförmigen Melanocyten, an der Arachnoidea encephali (Abb. 1a), im Bindegewebe um Pharynx und Oesophagus herum oder an der Fascie der äußeren Augenmuskeln, zu beobachten.

Nicht immer ist das Einhalten eines allseits gleichen Abstandes und eines eigenen Areals durch die Melanocyten aber so augenfällig. Es ist dem Anschein nach dort verändert, wo sich zwei Schichten von Pigmentzellen übereinander projizieren, wenn etwa eine Organkapsel auf beiden Seiten von Melanocyten besiedelt ist, oder wenn bei der Arachnoidea (Abb. 1a und 7a) Fortsätze der Melanocyten durch Lücken der Kollagenfaserlagen hindurchgehen und auf der anderen Seite weiterlaufen. Hier handelt es sich also nur um scheinbare Überlagerungen der Melanocyten. Der gleiche Fall liegt vor, wenn Strukturen wie die Rectusscheide oder die Fascia lumbodorsalis, die aus mehreren Schichten von Kollagenfasern bestehen, verschiedene Lagen von Melanocyten übereinander besitzen, die jeweils durch eine Kollagenfaserschicht getrennt sind. In jeder Lage ist das Areal- und Distanzverhalten der Melanocyten voll gewahrt. Die Ausdehnung des Areals eines flächigen Melanocyten ist also durch eine mehr oder weniger dichte Lage von Kollagenfasern so begrenzt, daß unmittelbar jenseits dieser Faserlage das Areal eines anderen Melanocyten liegen kann. Sehr schwierig wird die Analyse der Arealverhältnisse bei Melanocyten, die Gefäß-Nervenstränge in der adventitiellen Bindegewebsschicht begleiten. Hier sind die geschilderten Prinzipien meist nur an größeren Nerven und Gefäßen nachzuweisen.

5. Abweichendes Verhalten der Melanocyten an bestimmten Orten

Bisher wurden die formbestimmenden Faktoren der Melanocyten beschrieben, die sich aus ihrer Grundform, aus ihrem Verhalten zueinander, wie eigenes Areal, gleicher Abstand und gleiche Dichte ihrer Anlagerung, und aus den räumlichen Bedingungen des Bindegewebes in dem die Anlagerung erfolgt, ergeben. An einigen Orten zeigt sich aber eine Änderung des regelmäßigen Verhaltens der Melanocyten. Bei einigen lockeren Pigmentierungen nehmen die sternförmigen Melanocyten, die ihr Areal gerade erfüllen, mit den Fortsätzen benachbarter Melanocyten Kontakt auf. Dabei laufen zwei Fortsätze benachbarter Melanocyten direkt aufeinander zu und stoßen an der Arealgrenze gegeneinander, ohne sich aber wesentlich zu verzahnen (Abb. 2c, d und 6a). Auf diese Weise kommt eine *Netzbildung* zustande, die bei lockerer Pigmentierung häufiger zu beobachten ist, in der Adventitia von Gefäßen und Nerven, im Bindegewebe um Sinnesorgane und ihre Muskeln und um Pharynx und Oesophagus herum und an bestimmten Stellen des parietalen Peritonaeum. Bei ausgeprägten Melanocytennetzen bildet das Zentrum der Pigmentzelle einen Netzknoten, von dem nach mehreren Seiten Fortsätze ausgehen, die mit denen benachbarter Zellen zusammenstoßen. Freie, nicht in die Netzbildung einbezogene Fortsätze sind dann selten (Abb. 6a). Bei dieser Netzbildung ist das Prinzip ungefähr gleichen Abstandes aller Melanocyten voneinander voll gewahrt.

An wenigen Orten im Echsenkörper verstärkt sich aber der Kontakt der Zellen untereinander durch eine verschieden stark ausgeprägte *Tendenz zur Aggregation* benachbarter Melanocyten. An bestimmten Stellen des parietalen Peritonaeum streben Gruppen von Fortsätzen benachbarter Melanocyten aufeinander zu (Abb. 6c), oder die Melanocyten lagern sich sogar gruppenweise enger zusammen bis hin zum Verlust ihrer Fortsätze (Abb. 6b und d). Damit ist das Verteilungsprinzip des gleichen Abstandes durchbrochen, die Melanocyten sind dann nicht mehr gleichmäßig über eine bestimmte Fläche verteilt, sondern fleckförmig. Eine Gruppe eng zusammenliegender Melanocyten ist von anderen Gruppen weiter entfernt. Dabei verlieren die Melanocyten ihre Fortsätze zum Teil aber auch nur einseitig gegen die Gruppennachbarn, während zu den anderen, entfernteren Melanocytengruppen einzelne, teils lange, dünne Fortsätze aus-

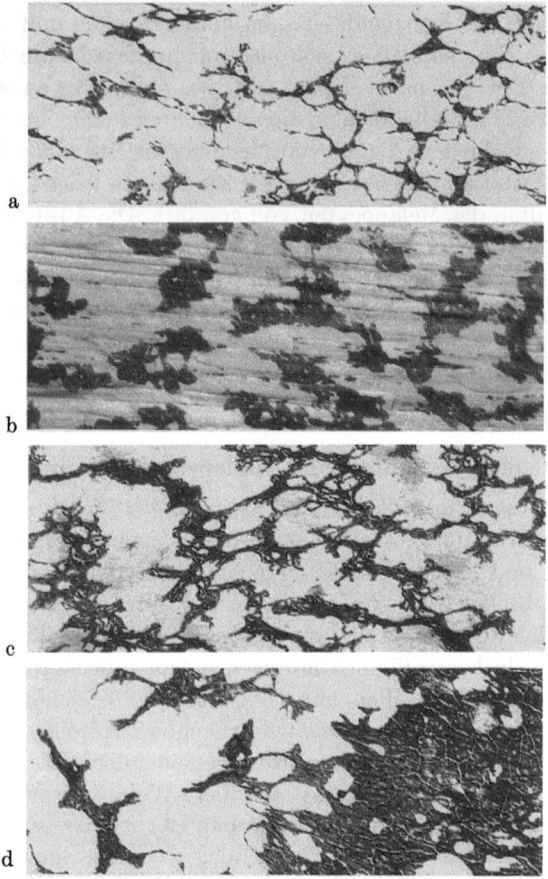

Abb. 6a—d. Aggregation der Melanocyten mit Netz- oder Gruppenbildung bei verschiedenen Arten an bestimmten Orten. (Ungef. H., Vergr. 63fach.) a *Sceloporus occidentalis*, Bindegewebe dorsal der Nierenkapsel. Lockere Netzbildung der Melanocyten. b *Sphenomorphus quoyi*, craniales parietales Peritonaeum. Melanocyten zu Gruppen zusammengelagert, zwischen denen nur einzelne Ausläufer ausgebildet sind. c *Lacerta viridis*, craniales parietales Peritonaeum am Ursprung des Mesogastrium. Starke Netzbildung der Melanocyten, die sich mit Bündeln von Fortsätzen aufeinander zuwenden. d *Sceloporus occidentalis*, ventrales Perikard. Starke Aggregation der Melanocyten, zum Teil zu geschlossener Pigmentierung mit runden, verschieden großen Melanocyten-freien Flecken

gebildet werden. Wird in einem solchen Fall die Pigmentierung dichter, so fallen diese Orte dadurch auf, daß die Melanocyten fast alle ohne jegliche Fortsätze geschlossen aneinander grenzen, zwischen ihnen aber mehr oder weniger große Flecken vollkommen pigmentzellfrei bleiben. Das ist besonders im Perikard und an der Kapsel der Niere und dem ihr anliegenden Bindegewebe, aber auch im Peritonaeum über der Niere bis in die Mesenterialwurzeln hinein, zu beobachten

(Abb. 6d). Dadurch unterscheiden sich sehr dichte Pigmentierungen aggregierter Melanocyten grundlegend von sehr dichten bis geschlossenen Pigmentierungen durch Melanocyten mit allseits gleichem Abstand, wie sie für das parietale caudale Peritonaeum charakteristisch sind (Abb. 1c und 9a—d). Dort werden bei geringerer Melanocytendichte die Abstände allseits etwas größer und die Fortsätze wieder stärker ausgebildet (Abb. 1b), aber es treten niemals wechselnd große, rundliche Lücken im Melanocytenbesatz auf. Bei der Aggregation der Melanocyten

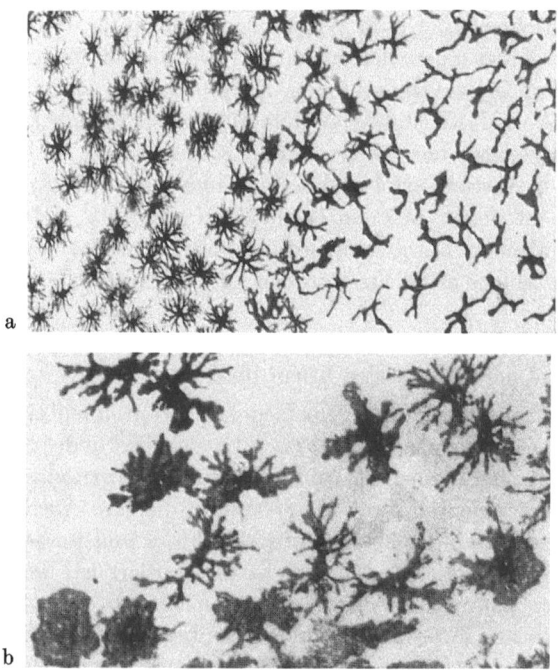

Abb. 7a u. b. Ortsspezifische Formänderung der Melanocyten bei gleichbleibender Gewebsstruktur. (Ungef. H.) a *Tarentola mauritanica*, Arachnoidea, links dorsal des Telencephalon unter Deckknochen, rechts lateral des Telencephalon unter dem membranösen Neurocranium, Vergr. 55fach. Links optimal sternförmig ausgebildete Melanocyten, rechts plump keulenförmige Melanocyten mit wenigen Fortsätzen. b *Tarentola mauritanica*, Archnoidea von der gleichen Lokalität wie a, Ausschnitt aus der Übergangszone (Vergr. 143fach). Melanocyten in wechselnder Weise zu Zwischenformen der beiden extremen Differenzierungen aus a ausgebildet

wird nur die gleichmäßige Verteilung über die pigmentierte Struktur aufgehoben, das Einhalten eines eigenen Areals durch jede Zelle, das Fehlen der Überlappung in der flächigen Anlagerung ist auch hier vollkommen ungestört (Abb. 6d). Diese Melanocytenaggregation tritt bei mehreren Arten auf, die im Perikard und im Gewebe um die Nieren pigmentiert sind. Aber nicht alle an diesen Orten pigmentierten Arten besitzen dort eine Aggregation der Melanocyten, deren Ausmaß auch bei den anderen Arten wechselt.

Eine andere starke Änderung in der Form der Melanocyten trifft man an der Arachnoidea von *Tarentola mauritanica*, ohne daß sich dort aus den beschriebenen Faktoren dafür eine Ursache ableiten ließe. Diese Art besitzt dorsal unter dem

Os frontale und parietale über dem Telencephalon und Tectum opticum optimal sternförmig ausgebildete Melanocyten mit vielen, sich verzweigenden und gleichmäßig allseitig ausgebreiteten Fortsätzen (Abb. 1a). Auf ganz geringe Distanz ändert sich diese Melanocytenform in eine solche, die nur noch drei oder vier große, plumpe, keulenförmige Fortsätze besitzt, und das an der Stelle, an der die überlagernde Dura mater sich von den dorsalen Knochen löst und lateral als membranöses Neurocranium nach ventral umbiegt (Abb. 7a). Auf ähnliche Weise ändert sich auf der Arachnoidea spinalis rhythmisch die Dichte der Melanocyten zwischen den Bereichen unter dem Wirbelbogen und unter der Membrana intervertebralis. Diese Änderungen der Form und Dichte der Melanocyten erfolgen vollkommen regelmäßig, sie sind an jedem Exemplar einer solchen Art an gleicher Stelle in gleicher Weise festzustellen, und damit sind sie wie alle anderen beschriebenen Formbedingungen der Melanocyten gesetzmäßig. Im Bereich solcher starken, auf kurzem Abstand erfolgenden Formänderungen findet man selten auch einzelne Flecken, in denen sehr unterschiedlich geformte Melanocyten durcheinander liegen. Neben gut sternförmig ausgebildeten Melanocyten liegen vieleckig plattenförmige und solche mit dicken, groben Fortsätzen (Abb. 7b).

6. Beziehungen zwischen der Bindegewebsstruktur bestimmter Lokalitäten und der Dichte und Form ihrer Pigmentierung

Eine Struktur weist häufig bei verschiedenen Arten, auch aus verschiedenen Familien, an gleicher Stelle gleiche Dichte und gleiche Form der Melanocyten auf, wenn sie überhaupt pigmentiert ist. So ist das caudale Peritonaeum, wenn überhaupt, geschlossen pigmentiert mit Melanocyten, die ihre Ausläufer mehr oder weniger stark oder ganz reduziert haben (Abb. 1b, c und 9a—d), während das craniale Peritonaeum meist locker bis dicht pigmentiert ist, wobei die Melanocytenform stärkere Unterschiede aufweist (Abb. 4b—d). Das Fettgewebe und das Knochenmark sind, wenn überhaupt pigmentiert, meist locker bis dicht mit Melanocyten besetzt (Abb. 10a und c), und der Darm ist sehr dicht pigmentiert, wenn er Melanocyten besitzt. Sehr auffällig sind dabei die in der Pigmentierung vorhandenen Unterschiede zwischen dem cranialen und dem caudalen parietalen Peritonaeum, die an der Linie des cranialen Keimdrüsenbandes, der Anheftungslinie der Mesosalpinx, in einem ganz plötzlichen Dichte- und Formwechsel der Melanocyten aufeinanderstoßen.

Das caudale Peritonaeum mit geschlossener Pigmentierung, die kaum etwas von den darunterliegenden Strukturen zeigt, läßt sich zusammen mit der Pigmentzellschicht relativ leicht von der darunterliegenden Muskulatur abpräparieren. Dagegen läßt sich das craniale Peritonaeum mit lockerer bis dichter Pigmentierung und starker Beeinflussung der Melanocytenform durch die Kollagenfaserzüge des peritonealen Bindegewebes und durch die darunterliegende Muskelfaserschicht nur zusammen mit der obersten Muskellage heraustrennen. Das craniale Peritonaeum ist nicht nur der obersten Muskelfaserschicht innig verbunden, im Gegensatz zum caudalen, sondern auch mit einer kräftig entwickelten Schicht peritonealen Bindegewebes versehen. Diese Bauunterschiede des Peritonaeum stoßen am cranialen Keimdrüsenband unvermittelt aufeinander, und damit auch die Pigmentierungsunterschiede. Aber nicht nur diese groben Unterschiede, sondern auch die feineren in der strukturellen Abwandlung des peritonealen Bindegewebes und seiner Verflechtung mit der oberen Muskelfaserschicht vom dorsalen Ursprung der Mesenterien bis auf die Rectusscheide und die Linea alba lassen sich bei den einzelnen Arten in verschiedenem Ausmaß, aber häufig sehr deutlich an den Änderungen der Pigmentierung verfolgen.

Die Fascia subcutanea, die das Verschiebebindegewebe zwischen Rumpfmuskulatur und Haut gegen das Stratum reticulare des Corium abgrenzt, ist bei einigen Arten locker pigmentiert. Bei einem Exemplar von *Phelsuma madagascariensis* wurde eine alte, vernarbte Hautwunde gefunden, die sich in ihrer Ausdehnung genau in der Fascia subcutanea durch eine größere Dichte der

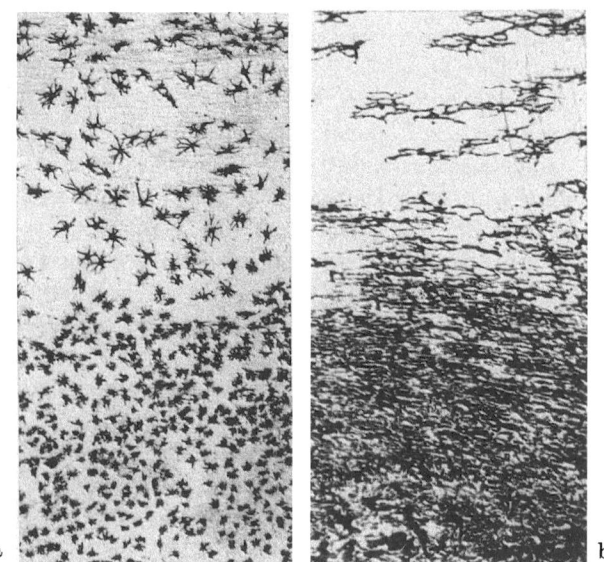

Abb. 8a u. b. Orts- und strukturbestimmte Dichteänderungen der Melanocyten. (Ungef. H.) a *Phelsuma madagascariensis*, Fascia subcutanea, im unteren Teil unter vernarbter Hautwunde (Vergr. 25fach). Mit dem Strukturwechsel unmittelbar verknüpfte Dichteänderung der Melanocytenanlagerung. b *Mabuya trivittata*, craniales parietales Peritonaeum, im oberen Teil Pleurakuppel, übergehend im unteren Teil auf die ventrale Thoraxwand (Vergr. 63fach). Mit der Struktur- und Lageänderung des Peritonaeum unmittelbar bedingte Dichteänderung der Melanocyten

Pigmentierung abzeichnete (Abb. 8a). Nicht nur an der Anheftungslinie der cranialen Mesosalpinx erfolgen starke Änderungen in der Struktur des Bindegewebes und in der Dichte und Form der Melanocyten, sondern ebenso cranial, wo sich das Peritonaeum von der Thoraxwand löst und neben dem Perikard die Kuppel des Pleuroperitonealraumes gegen die Halseingeweide bildet. An diesem Übergang ändert sich mit Regelmäßigkeit die Dichte der Pigmentierung, die Pleuroperitonealkuppel ist stets viel lockerer pigmentiert als das Peritonaeum auf der Muskulatur (Abb. 8b).

Man kann bei der Lupenpräparation mit Regelmäßigkeit feststellen, daß nicht nur die besondere Form der Melanocyten an vielen Orten von der besonderen Struktur des Bindegewebes bestimmt wird, sondern daß mit den meisten Änderungen der Form und der Dichte der Melanocyten auch Änderungen in der Struktur der pigmentierten Gewebe einhergehen. Bei der Kenntnis dieser Zusammenhänge wird die Pigmentierung eines jeden Gewebes und Organes zu einer Aussage über deren feineren Bau, und gleichmäßige allmähliche, oder plötzlich abrupte Änderungen in der Pigmentierung eines Gewebes weisen auf eine Abwandlung in dessen Struktur hin. Die Abhängigkeit der Form der Melanocyten und ihrer Dichte von der Gewebestruktur des Ortes ihrer Ausdifferenzierung, ihre ortsspezifische Ausbildung also ist ein Nachweis dafür, daß sich die Struktur des Bindegewebes ebenfalls spezifisch für den einzelnen Ort entwickelt.

7. Artspezifität der Melanocyten-Ausbildung

In dieser Beschreibung der extracutanen Pigmentierungen der Echsen wurde die Ausbildung und Anlagerung der Melanocyten generell ohne Berücksichtigung von Besonderheiten einzelner Arten behandelt. Das Grundverhalten der Melanocyten ist bei allen Arten und Familien der Echsen so gleich, daß neben diesen für alle Echsen geltenden Gesetzmäßigkeiten die Unterschiede zwischen verschiedenen Arten oder Familien sehr gering bleiben. Sie liegen nicht im Verhalten der Melanocyten zueinander und im Wechselspiel mit den Strukturen des Bindegewebes, sondern nur im Vorhandensein oder Nichtvorhandensein der Pigmentierung bestimmter Gewebe und Organe. Abwandlungen der Form der Melanocyten am gleichen Ort bei verschiedenen Arten zeigen meist Änderungen der Struktur des betreffenden Bindegewebes an. Feststellbare Unterschiede sind dann auch mehr familienspezifisch, weniger artspezifisch. Sie lassen sich besonders dort zeigen, wo die Pigmentierung geschlossen ist. Während bei den Gekkoniden die Melanocyten dann zu vieleckigen, mitunter nicht einmal mehr gelappten Platten werden (Abb. 1c), besitzen die Lacertiden und Scinciden, sowie die Agamiden und die Iguaniden bei geschlossener Pigmentierung Melanocyten, die rundherum von kurzen, aber noch verzweigten Fortsätzen umgeben sind, die ganz zusammengedrängt sind und so geschlossene Platten ergeben (Abb. 9a—d). Diese Tendenz zur Fortsatzbildung ist bei den Lacertiden und Scinciden stark, bei den Agamiden und Iguaniden etwas schwächer und bei den Gekkoniden am geringsten ausgebildet.

Darüber hinaus lassen sich mit Sicherheit keine von der Struktur der pigmentierten Gewebe unabhängigen art- oder familienspezifischen Unterschiede in Form der Melanocyten nachweisen. Vergleiche dieser Art werden dadurch schwierig, daß nur sehr wenige Organe bei einer größeren Zahl von Arten aus verschiedenen Familien auch an entsprechenden Orten pigmentiert sind. Und nur bei einem Vergleich von Pigmentierungen einander entsprechender Orte lassen sich durch die Gewebestruktur bedingte und durch gewebs- und lokalspezifische Faktoren hervorgerufene Formunterschiede der Melanocyten hinreichend ausschließen.

8. Größe der Melanocyten

Trotz aller Formunterschiede der extracutanen Melanocyten ist es aber sehr auffällig, daß sie bei allen untersuchten Arten und in allen durchgesehenen pigmentierten Geweben *einer Größenklasse* angehören. Ist die von den Melanocyten eingenommene Fläche (bei flächiger Ausbildung im lockeren Bindegewebe) annähernd kreisförmig, so beträgt der Durchmesser 85—120 μ (Abb. 1a und 2b—d).

Dabei stellen die bei lockerer Pigmentierung sternförmig ausgebildeten Melanocyten die größeren Werte, während die vieleckig plattenförmigen Melanocyten bei geschlossener Pigmentierung die kleineren der angegebenen Werte ergeben

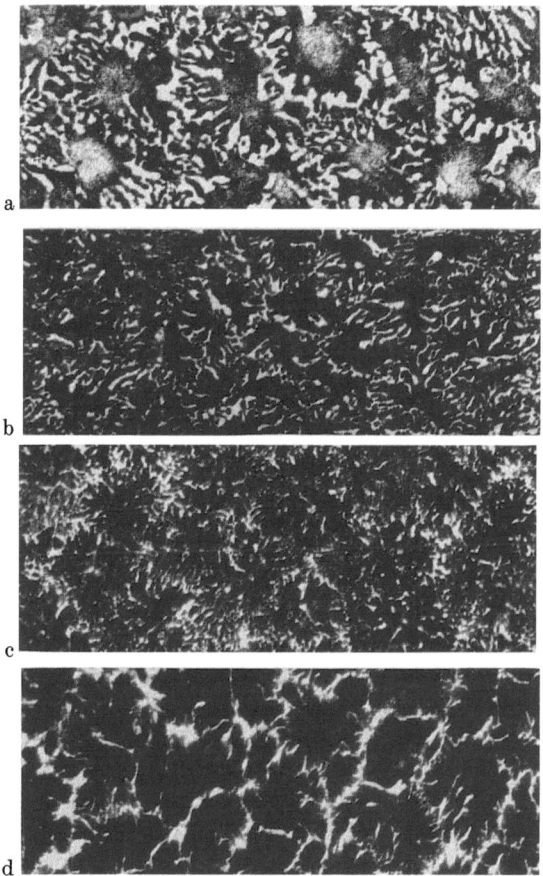

Abb. 9a—d. Artspezifität der Form der Melanocyten am caudalen parietalen Peritonaeum bei sehr dichter bis geschlossener Pigmentierung. (Ungef. H., Vergr. 143fach.) a *Calotes versicolor*, caudales parietales Peritonaeum. In den mit relativ gut entwickelten Fortsätzen versehenen Melanocyten sind die Melanosomen peripher angesammelt. b *Sceloporus occidentalis*, caudales parietales Peritonaeum. Die Melanocyten besitzen verkürzte, zahlreiche Fortsätze. c *Psammodromus algirus*, caudales parietales Peritonaeum. Die Melanocyten sind an ihrer Peripherie in eine Vielzahl kurzer, dünner Fortsätze aufgegliedert. d *Acanthodactylus cantoris*, caudales parietales Peritonaeum. Die plattenförmigen Melanocyten besitzen einzelne, tiefere Lappungen und an der Peripherie viele feine Einkerbungen, die eine Aufgliederung in viele Fortsätze andeuten

(Abb. 1a—c). Melanocyten mit sehr wenigen und dünnen Fortsätzen können auch einmal einen größeren Durchmesser der von ihnen eingenommenen Fläche zeigen, 160 µ bis maximal 250 µ (Abb. 2a). Melanocyten dieser Größe sind aber meist nicht mehr gleichmäßig kreisförmig ausgebildet, sondern besitzen einen ovalen bis langelliptischen Umriß. Extrem ausgeformte Melanocyten wie die stabförmigen in der Muskulatur und an den kleinen Gefäßen und Nerven können bis zu 500 μ Länge erreichen, wobei sie aber sehr schmal sind, im Extremfall nur 25—30 μ breit (Abb. 3a—c). Nach diesen Ergebnissen ist trotz allem Formwechsel der Melanocyten bei scheibenförmiger Ausbildung die von Zelleib und Fortsätzen direkt eingenommene Fläche eine konstante Größe. Das steht im Gegensatz zu den wechselnden Größen cutaner Melanocyten und Melanophoren.

9. Verteilung der Melanosomen in der Zelle und ihre Verteilungsänderungen

Bei der Beschreibung der Abhängigkeit der Melanocytenform von der Bindegewebsstruktur wurde schon ausgeführt, daß durch kleine Gefäße und Nerven, einzelne Muskelfasern oder kollagene Faserzüge Teile von Melanocyten oder ihren Fortsätzen zusammengedrückt werden können, so daß die Melanosomen in dünnerer Schicht liegen und die Färbung dieser Zellteile lichter ist. Dadurch kann die Pigmentierung eines Organes mit helleren Bändern oder Streifen oder auch mit einem Filigranwerk feiner Linien versehen sein (Abb. 4c und 5d). Teile der Melanocyten können aber auch soweit zusammengedrückt werden, daß sie gar keine Melanosomen mehr enthalten, so daß der Zusammenhang zwischen den verschiedenen Zellteilen im ungefärbten Präparat nicht mehr zu erkennen ist (Abb. 5b, c und d).

Schon bei der Lupenpräparation fällt auf, daß nicht alle Melanocyten Pigmentgranula in gleicher Dichte besitzen oder vielleicht auch verschieden stark ausgefärbte Melanosomen enthalten. Denn die Melanocyten sind zum Teil von sehr unterschiedlicher Färbung, von einem lichten Hellbraun bis hin zu einem ganz dunklen Schwarzbraun. Häufig sind bestimmte extracutane Pigmentierungen von sehr viel helleren Pigmentzellen gebildet als andere, so daß eine solche Stelle sehr locker pigmentiert erscheint, obwohl sie die gleiche Dichte an Melanocyten aufweist, wie eine andere Stelle, die bei reich ausgebildeten Melaningranula ihrer Dichte entsprechend dicht pigmentiert erscheint. Das ist z. B. an der Arachnoidea bei *Tarentola mauritanica*, an größeren Gefäßen bei *Teius teyou*, unter dem Pharynx und Oesophagus bei *Phelsuma madagascariensis* besonders deutlich der Fall. Diese geringe Pigmentdichte der einzelnen Melanocyten ist zudem einer größeren individuellen Variation unterworfen, von Exemplar zu Exemplar wechselt die Dichte der Pigmentierung der einzelnen Melanocyten an diesen Orten, so an der Arachnoidea, an größeren Gefäßen oder im Bindegewebe um Pharynx und Oesophagus. An den meisten anderen Orten dieser und aller anderen Arten sind die Melanocyten aber regelmäßig und dicht mit Pigmentgranula versehen. An einzelnen Organen bei bestimmten Arten kann also auch der Pigmentgehalt der einzelnen Melanocyten größere Änderungen von Individuum zu Individuum aufweisen. Recht häufig zeichnet sich der rundlich-ovale Kern bei flächig ausgebildeten Melanocyten als zentraler, hellerer Hof in der Melanosomenfüllung der Zellen ab.

Bei *Calotis versicolor* zeigen viele Melanocyten, besonders am Peritonaeum, die Tendenz, die Melaningranula in den Fortsätzen zu konzentrieren, so daß der Zelleib um den Kern herum sehr viel lockerer mit Granula versehen ist. Das ist vor allem bei Melanocyten der Fall, die in sehr dichter oder geschlossener Pigmentierung liegen und einen großflächigen Zelleib mit nur relativ kleinen Fortsätzen besitzen (Abb. 9a). Dieses Verhalten wurde nur bei dieser einen Art gefunden. Hier scheinen die Pigmentgranula nicht nennenswert in den Zellen verschoben zu werden, denn die Konzentration der Färbung in den Fortsätzen ist ganz gleichmäßig und wird erst bei stärkerer Formänderung der Melanocyten undeutlich. Damit stehen wir vor der Frage, ob und in wieweit die extracutanen Melanocyten überhaupt die Verteilung der Melaningranula zwischen dem Zelleib und den Fortsätzen verändern können.

In fixierten Präparaten *der Haut* von verschiedenen Echsenarten, die einen Farbwechsel besitzen, wie z. B. *Anolis carolinensis*, sind mit Regelmäßigkeit auf

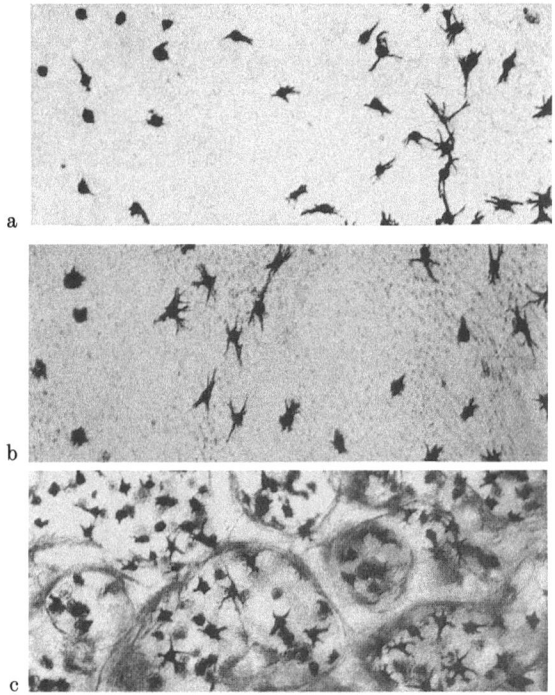

Abb. 10a—c. Melanocyten mit unterschiedlichem Ausbreitungszustand der Melanosomen an bestimmten Orten bei *Phelsuma madagascariensis*. (Ungef. Totalpräparate, Vergr. 55fach.) a Teil des flachen Fettkörpers von der Halsseite. Links „kontrahierte", rechts „dilatierte" Melanocyten. b Häutchenpräparat der Fascia subcutanea. Links und zum Teil rechts „kontrahierte" Melanocyten neben „dilatierten". c Spongiosa-Dickschnitt aus dem Os occipitale. Neben einzelnen ganz ausgebreiteten Melanocyten viele teilweise und manche ganz kontrahierte Melanocyten

einer größeren Fläche stets ganz kontrahierte neben mehr oder weniger weit expandierten Melanophoren zu finden. *Ganz deutlich heben sich davon die extracutanen Melanocyten ab.* An allen großflächigen, ins Auge fallenden Pigmentierungen konnten im fixierten Präparat stets nur Zellen eines bestimmten Formtyps an einer Stelle gefunden werden, also kein Nebeneinander verschiedener Ausbreitungszustände wie in der Haut. Neben der Untersuchung einer großen Zahl fixierter Präparate habe ich viele Beobachtungen am lebendfrischen Material dekapitierter oder narkotisierter Tiere unter der Stereolupe vorgenommen, daneben liegen zahlreiche eigene Beobachtungen an mehrere Stunden in Tyrode-

oder Ringerlösung überlebendem Material sowie an Material, das unter der Einwirkung von Fixierungsmitteln stand, vor. Dazu habe ich einige wenige, orientierende Versuche zum Nachweis aktiver Melanosomenverschiebungen in den extracutanen Melanocyten am geschlossenen pigmentierten parietalen Perito-

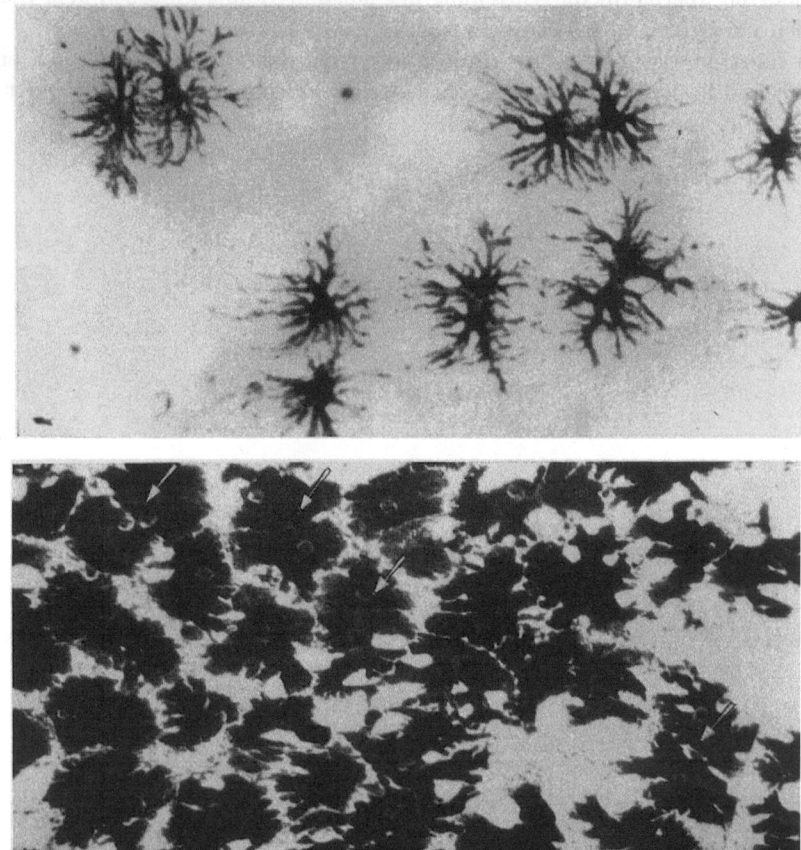

Abb. 11a u. b. Zellpaare der Melanocyten bei sonst gleichmäßiger Zelldichte als Zeichen abgelaufener Zellteilungen. (Ungef. H., Vergr. 214fach.) a *Tarentola mauritanica*, Arachnoidea dorsal des Telencephalon. Jeweils zwei Melanocyten besetzen ein Areal und sind voneinander verschieden weit entfernt. b *Anolis carolinensis*, innere Fascie der Muskulatur im Becken. Unter den gelappten Melanocyten finden sich mehrere Zellpaare, die durch eine gerade Linie voneinander getrennt sind und gemeinsam ein Areal einnehmen (s. Pfeile)

naeum von *Anolis carolinensis* unter gleichzeitiger Mitbehandlung von Hautstücken dieser Art durchgeführt: α-MSH, Pitressin, Suprarenin, Atropin und Kaliumchlorid wurden in verschiedener Konzentration jeweils in Ringerlösung gegeben und die pigmentierten Gewebsstücke darin längere Zeit eingelegt. Dabei zeigten nur die Melanophoren der mitbehandelten Haut eine mit den Bedingungen wechselnde Ausbreitung ihrer Pigmentgranula. Die extracutanen Melanocyten zeigen unter diesen sehr verschiedenen Bedingungen *niemals eine Änderung des Ausbreitungszustandes ihrer Melanosomen*. Von diesen, generell für fast alle extracutanen Pigmentierungen geltenden Beobachtungen gibt es nur *zwei* genau begrenzte *Ausnahmen*.

Im Fettgewebe und im Knochenmark der Gattung *Phelsuma*, also im retikulären Bindegewebe, das im wesentlichen nur in dieser Gattung pigmentiert ist, und an der Fascia subcutanea bei mehreren Arten der Gekkoniden finden sich im fixierten Präparat, ähnlich wie in Präparaten fixierter Haut, direkt nebeneinander mit langen Fortsätzen versehene Melanocyten und solche, die nur aus einer pigmentierten Kugel bestehen (Abb. 10a—c). In der Fascia subcutanea und in flachen Fettkörpern sind auch größere Bezirke mit ausgebreiteten oder kontrahierten Melanocyten zu finden, die dann durch Zwischenstadien ineinander übergehen. Im retikulären Bindegewebe und in der Fascia subcutanea, die das subcutane Bindegewebe glatt gegen das Corium abgrenzt, haben nach diesen Befunden die Melanocyten die Fähigkeit zur Änderung der Ausbreitung ihrer Pigmentgranula. Alle anderen extracutanen Melanocyten sind aber dazu nicht in der Lage.

10. Wachstum und Teilung der Melanocyten

Am fixierten Material findet man, an einigen Stellen häufiger, zwei Melanocyten dichter zusammengelagert, als es dem allgemeinen Abstand an dieser Stelle entspricht (Abb. 11a). Wenn bei sehr dichter bis geschlossener Pigmentierung die Melanocyten polygonale Platten mit ganz kurzen, zusammengedrängten Fortsätzen bilden, stoßen häufig zwei Zellen in einer geraden Linie ohne jeden Fortsatz aneinander (Abb. 11b). Das spricht dafür, daß ein besonders großer Melanocyt durch eine gerade Linie halbiert worden ist. In diesen Fällen ist es wahrscheinlich, daß die beiden so eng benachbarten Melanocyten aus einer Zelle hervorgingen. Man findet mitunter begrenzte Bezirke in pigmentierten Flächen, die mehrere solcher Tochterzellgruppen aufweisen (Abb. 11a und b). So werden sich die extracutanen Melanocyten aller Wahrscheinlichkeit nach durch langsame Vergrößerung und gelegentliche Teilung dem fortschreitenden Wachstum des Tieres anpassen und damit die einmal erreichte Pigmentierungsdichte an der jeweiligen Struktur bewahren. Dadurch erhalten sie gleichzeitig ihre Größenkonstanz.

Elektronenmikroskopische Befunde

1. Lagebeziehungen der Melanocyten

Die elektronenmikroskopischen Übersichtsbilder bestätigen die lupenpräparatorischen und lichtmikroskopischen Befunde über den Ort der Anlagerung der extracutanen Melanocyten. Im retikulären Bindegewebe durchsetzen die Melanocyten den ganzen zur Verfügung stehenden Raum, in allen übrigen Organen ist eine flächenhafte Anlagerung der Melanocyten zu beobachten. Am besten zeigt sich das an der Pigmentierung des parietalen Peritonaeum, dort liegen die Melanocyten stets in einem bestimmten, konstanten Abstand vom Epithel (Abb. 12a). Zwischen Epithel und Melanocyten liegt nur eine dünne Lage von kollagenen und elastischen Fasern. Die gut entwickelte Schicht peritonealen Bindegewebes mit wechselnd dicht gepackten Kollagenfasern liegt immer zwischen Melanocyten und Muskulatur. Im Bereich der inneren Rectusscheide ist das Peritonaeum der Aponeurose unmittelbar verheftet, und dort liegen die Melanocyten dann erst zwischen den verschiedenen Blättern der Rectusscheide. In ähnlicher Weise wie im Peritonaeum sind die Melanocyten den größeren Gefäßen und Nerven angelagert. In einem regelmäßigen Abstand von den äußeren Muskelzellen eines

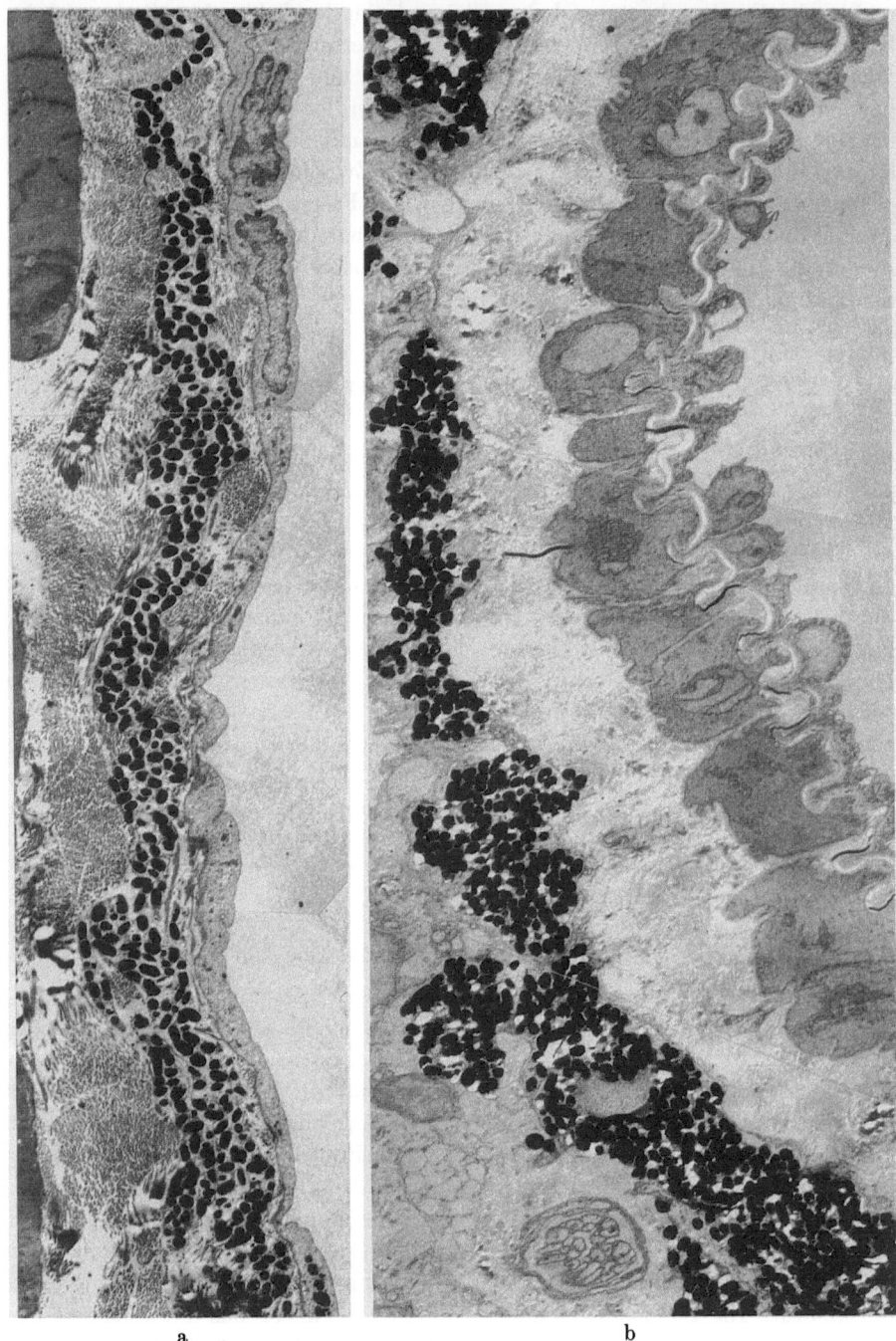

Abb. 12a u. b

Gefäßes, in dem sich nur kollagenes Bindegewebe fast ganz ohne Fibrocyten, aber mit dünnen, marklosen Nervenfasern findet, liegt eine mehr oder weniger geschlossene Schicht von Melanocyten (Abb. 12 b). Auch bei größeren Nerven liegen die Melanocyten in einem gleichfalls bestimmten, nur von kollagenem Bindegewebe erfüllten Abstand von der geschlossenen äußeren Schicht der endothelartig ausgebildeten Fibrocyten des Epineuriums. Den geschlossenen Lagen von Kollagenfasern, wie sie in der Fascia dorsalis, in anderen Muskelfascien, in Sehnen und Aponeurosen anzutreffen sind, liegen die Melanocyten meist unmittelbar an, mitunter auch getrennt durch eine wenig mehr als die beiden Zellmembranen dicke Zellplatte eines Fibrocyten. Besonders an Fascien und Organkapseln liegen die Melanocyten nicht selten auf jeder Seite der straffen Kollagenfaserlage.

Unübersichtlicher werden die Verhältnisse im elektronenmikroskopischen Bild, wenn die Fascien und Aponeurosen oder die Organkapseln aus mehreren Lagen straffen Bindegewebes bestehen, zwischen denen dann im lockeren Gewebe die Melanocyten liegen. Das ist bei der Dura mater, dem Perikard und manchen Organkapseln, wie der der Testes, der Fall. Das lockere Bindegewebe kann viel mehr Raum bieten, als die Melanocyten zu ihrer Ausbildung bedürfen. Ist der Raum sehr weit, lagern sich die Melanocyten auch an der Innenseite der äußeren, aus straffen Kollagenfasern bestehenden Grenzlamellen an, besonders, wenn im Innern noch weitere Kollagenfaserlamellen vorhanden sind. So kommt es dann zu doppelten Melanocytenlagen. Die Zuordnung der Melanocyten zu den Grenzlamellen kann in räumlich so weiten Strukturen so locker sein, daß sie nur noch im Lichtmikroskop auffällt, im elektronenoptischen Bild aber unsicher wird.

Melanocyten lagern sich nicht nur Lamellen von straffen kollagenen Fasern, wie Organkapseln und Aponeurosen, und epithelialen, geschlossenen Grenzflächen, wie dem Peritonealepithel an, sondern auch den Adventitien von Gefäßen und Nerven bzw. ihren adventitiellen Fibrocytenlagen. Auch in der mit vielen kollagenen Faserzügen durchwobenen Bindegewebsschicht zwischen Ring- und Längsmuskulatur des Dünn- und Dickdarmes mancher Arten sind Melanocyten reich entwickelt, oft in mehreren, von Faserzügen und -lamellen getrennten Schichten. In gleicher Weise sind die Mesenterien häufig pigmentiert. Im Bindegewebsstreifen, der bei *Anolis carolinensis* dorsal der Processi spinosi der Wirbelsäule ausgebildet ist, gibt es eine Schicht sehr dicht gelagerter, fortsatzreicher Fibrocyten, die nach dem elektronenmikroskopischen Bild kollagene Fasern neu bilden. Jederseits dieser mesenchymalen Schicht haben sich Melanocyten angelagert.

Untersucht man Pigmentvorkommen elektronenmikroskopisch, die in der Lupenpräparation und lichtmikroskopisch keine Zuordnung zu flächigen Ge-

---

Abb. 12a u. b. Melanocyten in konstantem Abstand unter dem parietalen Peritonaeum und um eine kleine Arterie. a *Liolepis bellii*, caudales parietales Peritonaeum vor dem Becken, OsO_4, Methacrylat, 3000fach. Zwischen den 3—5 Melanosomen dicken Melanocyten und dem Peritonealepithel liegt nur ein ganz schmaler Streifen von Bindegewebe, das gut ausgebildete peritoneale Bindegewebe liegt zwischen Melanocyten und Muskulatur. b *Anolis carolinensis*, Gefäßnervenstrang aus dem proximalen Teil der Hinterextremität, OsO_4, Vestopal W, 3000fach. Mit der Kontraktion des Gefäßes ist auch die Melanocytenschicht dicker geworden. Zwischen Gefäß und Melanocyten liegt nur lockeres Bindegewebe ohne Fibrocyten, mit einigen kleinen marklosen Nerven. Fibrocyten finden sich erst jenseits der Melanocyten

webs- oder Organgrenzen aufweisen, wie die Pigmentierung der quergestreiften Muskulatur, so findet man alle Melanocyten in ihrem zentralen Teil und fast alle Fortsätze mit einer Seite einem kleinen Gefäß oder einem kleinen Nerven an-

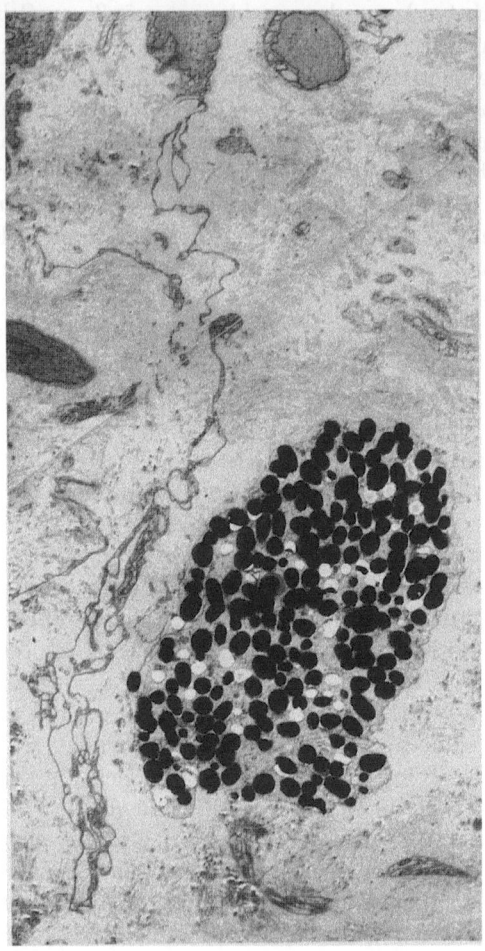

Abb. 13. Melanocyt im lockeren Bindegewebe zwischen den beiden Blättern der Dura mater. *Anolis carolinensis*, Dura mater dorsal, OsO_4, Vestopal W, 3800fach. Der Melanocyt besitzt eine lockere Melanosomenpackung und ist von plattenförmig-dünnen Fibrocyten begleitet, im lockeren Bindegewebe um ihn mehrere kleine marklose Nerven

liegen. Was sich lichtmikroskopisch in der Kennzeichnung von Gefäßverläufen durch den Melanocytenbesatz zeigt, ist hier in der unmittelbaren Beziehung der Melanocyten zu Gefäßen oder Nerven deutlich sichtbar.

Bei der Untersuchung nicht pigmentierter Gewebe, die bei anderen Arten mit Melanocyten besetzt sind, ist festzustellen, daß die Melanocyten bei ihrem Vorkommen nur im Bindegewebe bereits vorhandene Räume besiedeln. Die Räume, wie z. B. unter dem Peritonealepithel, die die Melanocyten einnehmen, sind bei entsprechenden unpigmentierten Organen mit sehr lockerem Bindegewebe erfüllt, das aus spärlichen Kollagenfasern in reicher Intercellularsubstanz und selten einem Fibrocyten besteht. Nur bei einer stärkeren Pigmentierung der quergestreiften Muskulatur nimmt das Volumen des Gewebes zu, da die Melanocyten mehr Raum einnehmen als das lockere Bindegewebe in der unpigmentierten Muskulatur. Aus diesen Gegebenheiten ist es auch zu verstehen, daß kompakt gebaute Organe wie Knochen und Knorpel, Sehnen und Aponeurosen, und das Gehirn nie Melanocyten enthalten; sie sind ihnen, wenn sie pigmentiert sind, an ihrer Oberfläche angelagert, wo sich lockeres Bindegewebe findet.

Liegen die Melanocyten nicht dem Peritonaeum, Gefäßen oder Fascien unmittelbar oder in geringem Abstand an, sondern sind sie von lockerem Bindegewebe stärker umgeben, so sind sie regelmäßig von Fibrocyten begleitet, häufig sogar eingehüllt, so z. B. in der Dura mater (Abb. 13), im Perikard oder in den Mesenterien und im Bindegewebe zwischen Ring- und Längsmuskulatur des Darmes. Die Fibrocyten sind dabei zu ganz dünnen Zellplatten differenziert, die häufig nur wenig dicker als die beiderseitigen, fast direkt aufeinanderliegenden Zellmembranen sind (Abb. 13). Die in dieser Weise differenzierten Fibrocyten finden sich auch um andere Strukturen im lockeren Bindegewebe, aber doch auffallend eng und regelmäßig um die extracutanen Melanocyten. Dagegen werden die subperitonealen Melanocyten niemals von Fibrocyten begleitet, obwohl zwischen ihnen und der Muskulatur häufig reichlich Bindegewebe entwickelt ist. Die Melanocyten an Fascien, Gefäßen und Nerven sind zum Teil kaum, zum Teil aber auch ausgeprägt von solchen Fibrocyten-Platten umgeben.

2. Cytologie der Melanocyten

Auch dort, wo bei geschlossener Pigmentierung mit dem Lichtmikroskop zwischen den eng aneinanderliegenden Melanocyten-Zellplatten kein Zwischenraum mehr zu erkennen ist, ergeben die elektronenmikroskopischen Bilder stets eine Unterteilung in einzelne Zellen. Dabei grenzen die Membranen benachbarter Melanocytenplatten unmittelbar aneinander, häufig verlaufen sie sogar etwas schräg zur Oberfläche. Das hervorstechendste Merkmal der extracutanen Melanocyten ist die große Uniformität ihrer cytologischen Differenzierung. Ob man die subperitonealen Melanocyten, die Melanocyten an den Gefäßen und Nerven oder die Melanocyten an Fascien, an der Dura mater oder in der Muskulatur untersucht, sie gleichen sich in ihrer Differenzierung weitgehend. Sie sind mit Melanosomen gleichmäßig über den Zelleib und alle Fortsätze erfüllt, meistens in so dichter Packung, daß sie allseitig zusammenstoßen (Abb. 14a). An vielen Organen, am Peritonaeum, an den Gefäßen, in der Muskulatur, sind die Melanocyten so dicht von Melanosomen erfüllt, daß sich die Zellmembran der äußersten Melanosomenschicht unmittelbar anschließt, so daß sie von ihnen vorgewölbt wird. Die Zellmembran weist dann an ihrer Oberfläche dicht nebeneinander liegende kleine Erhebungen auf, die den darunterliegenden Melanosomen entsprechen (Abb. 14a).

Die Melanosomen weisen in sämtlichen extracutanen Melanocyten, bei allen elektronenmikroskopisch untersuchten Arten in allen Geweben, gleiche Größe und Gestalt auf. Sie sind rund im Querschnitt (0,6 μ dick) und länglichoval im Längsschnitt (0,9—1,0 μ lang) (Abb. 14a—c). In der Form entsprechen sie vollkommen den Melanosomen cutaner Melanophoren, sie sind aber größer als die Melanosomen in den Melanophoren der Rückenhaut von *Anolis carolinensis*, die zum Vergleich mit untersucht wurde. In den Hautmelanophoren von *Anolis carolinensis* sind die Melanosomen 0,3—0,4 μ dick und maximal 0,6 μ lang (Abb. 14d).

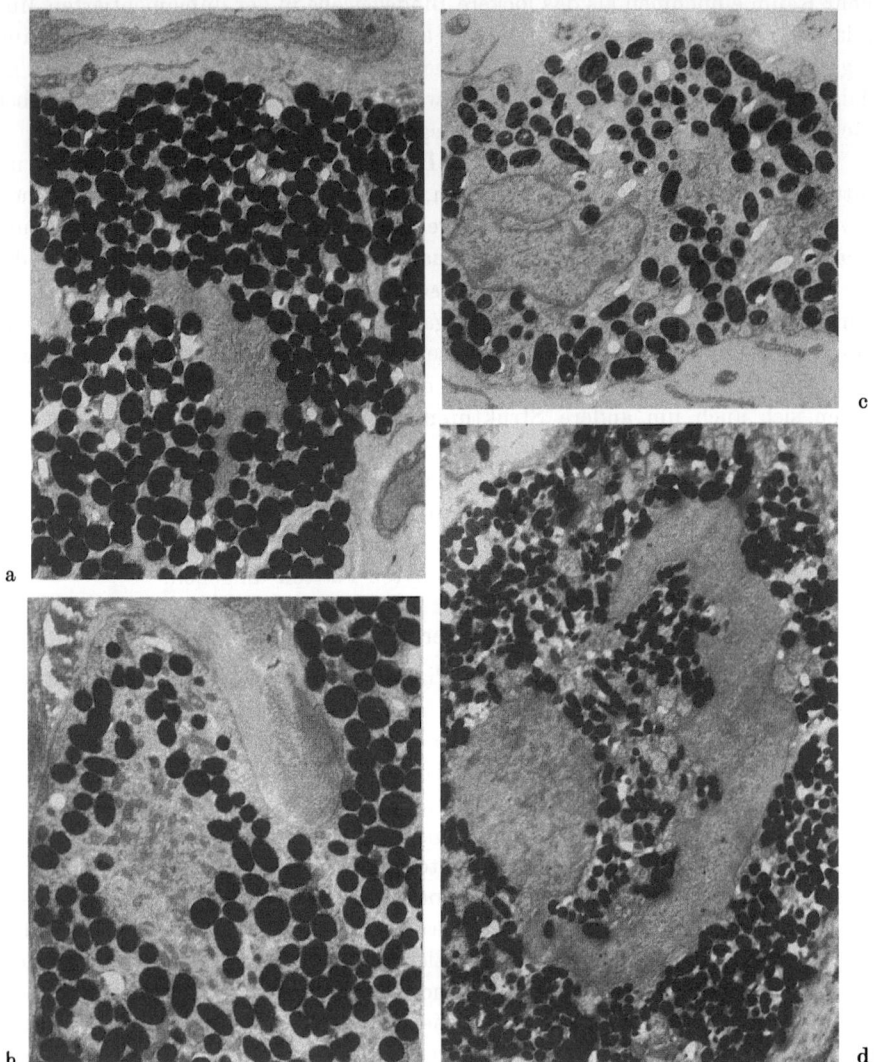

Abb. 14a—d. Cytologische Differenzierung der extracutanen und der cutanen Melanocyten. a *Anolis carolinensis*, Melanocyt aus der Schwanzmuskulatur, OsO_4, Vestopal W, 6000fach. Sehr dichte Packung der Melanosomen ohne weitere cytologische Differenzierungen, mit vielfältig gelapptem Kern. b *Phelsuma madagascariensis*, Melanocyt zwischen Ring- und Längsmuskulatur des Colon, OsO_4, Vestopal W, 6000fach. Lockere Melanosomenpackung mit zahlreichen kleinen ovoiden, dichten Mitochondrien, besonders in den Melanosomen-freien Bezirken. c *Anolis carolinensis*, Melanocyt aus dem dorsalen Bindegewebsstreifen, Glutaraldehyd, OsO_4, Vestopal W, 6000fach. Lockere Melanosomenpackung und zahlreiche große, lockere und helle Mitochondrien, daneben geringe Teile eines Golgi-Apparates. d *Cutaner Melanophor*, *Anolis carolinensis*, tiefes Corium der dorso-medialen Rückenhaut, OsO_4, Vestopal W, 6000fach. Viele kleine Melanosomen und sehr zahlreiche große, lockere und helle Mitochondrien

In dem Plasma zwischen den dichtgepackten Melanosomen fehlen alle cytoplasmatischen Differenzierungen (Abb. 14a). Das gilt für die Mehrzahl der extracutanen Melanocyten, die am Peritonaeum, an den Fascien oder Organkapseln und an Gefäßen und Nerven zu finden sind. Neben den dicht mit Melanosomen erfüllten Melanocyten gibt es auch solche, deren Melanosomen etwas lockerer gepackt sind. Man sieht sie häufiger in der Dura mater und unter dem cranialen parietalen Peritonaeum. Ihre Zellmembran umgibt die Zelle glatt und ist deutlich von den Melanosomen abgehoben. Aber auch in diesen Zellen gibt es keine von Melanosomen freien Bezirke des Plasmas. In diesen Melanocyten mit etwas lockerer Melanosomen-Packung sind selten kleine, elektronenoptisch helle Mitochondrien, kaum halb so groß wie die Melanosomen, zu finden. Im Perikard, in den Mesenterien, zum Teil auch in der Dura mater sind bei gleichfalls lockerer Melanosomen-Packung die kleinen hellen Mitochondrien etwas häufiger anzutreffen. Dort kommt auf 30—50 Melanosomen ein kleines Mitochondrium; daneben finden sich in diesen Zellen sehr kleine Vesikel in mäßiger Zahl, die nicht näher zuzuordnen sind. Der Kern der Melanocyten ist im Anschnitt rund oder oval, häufig gebuchtet oder gelappt, mitunter in stärkerem Maße. Bei sehr dichter Packung der Melanosomen wird der Kern vielfältig von den Melanosomen eingedellt. In seiner Struktur ist er gleichmäßig feingranuliert und zeigt keinerlei Besonderheiten.

Aus diesen Befunden geht hervor, daß in Abhängigkeit von dem jeweiligen Ort die Dichte der Melanosomen gewissen Schwankungen unterworfen ist und ebenso die Häufigkeit der in vielen Fällen ganz fehlenden Mitochondrien. An vielen inneren Organen, so unter dem caudalen Peritonaeum, an Gefäßen und in der Muskulatur sind die Melanosomen in maximal dichter Packung in den Melanocyten vorhanden, die Melanocyten sind zu ausschließlich Melanosomen enthaltenden Zellen differenziert. Im Perikard, in der Dura mater und unter dem cranialen Peritonaeum sind die Melanosomen meist etwas lockerer gepackt, und die sonst fehlenden Mitochondrien sind zwar selten, aber schon regelmäßig anzutreffen.

Im Gegensatz dazu sind die Melanocyten an einigen wenigen inneren Organen reicher differenziert, so im Colon zwischen Längs- und Ringmuskulatur (Abb. 14b) und in der Kapsel der Testes bei *Phelsuma madagascariensis*, im Mesenterium bei *Anolis carolinensis*. Sie zeigen, zumindest in einzelnen Partien der Zellen, eine lockere Anordnung der Melanosomen, und es gibt Bezirke des Cytoplasmas, die wenig Melanosomen enthalten. Dafür finden sich aber eine größere Anzahl kleiner, länglich-ovaler Mitochondrien, halb so groß wie die Melanosomen, die recht elektronendicht sind, zum Teil in gleicher Zahl wie die Melanosomen. Daneben sind auch vereinzelte Praemelanosomen, nicht ausgereifte Melanosomen, zu erkennen (Abb. 14b). Die reifen Melanosomen dieser Melanocyten zeigen keinerlei Unterschiede gegenüber denen anderer extracutaner Melanocyten, ebensowenig die Kerne.

Auch im dorsalen Bindegewebsstreifen von *Anolis carolinensis* finden sich Melanocyten mit lockerer Packung der Melanosomen und zahlreichen, kleinen dunklen Mitochondrien in teilweise melanosomenfreien Cytoplasmabezirken. Auf der einen Seite der mesenchymalen Fibrocytenschicht liegen dort Melanocyten, die außer der lockeren Melanosomenpackung, den kleinen dunklen Mitochondrien und einzelnen Praemelanosomen noch zahlreiche größere, locker gebaute Mitochondrien besitzen (Abb. 14c). Diese Mitochondrien sind rundlich bis etwa länglich-oval und von gleicher Größe wie die Melanosomen. Daneben zeigen diese Melanocyten auch geringe Anteile eines Golgi-Apparates in Kernnähe und verschieden große Vesikel. Der Kern ist meistens stärker gebuchtet oder gelappt und zeigt in der feinen Granulierung meist randständige Verdichtungen (Abb. 14c). Diese Merkmale deuten darauf hin, daß die Melanocyten an dem sich vermehrenden Fibrocytensaum noch Melanoblasten-Eigenschaften haben und sich teilen.

Die extreme Differenzierung der meisten extracutanen Melanocyten — die zuletzt besprochenen, mit Mitochondrien reicher ausgestatteten ausgenommen — geht besonders aus einer Gegenüberstellung mit den cutanen Melanophoren hervor (Abb. 14d). Diese besitzen vor allem eine große Zahl von großen, locker strukturierten Mitochondrien, die in ihrer Größe und Ausbildung den großen Mitochondrien der melanoblasten-ähnlichen Melanocyten gleichen und die allen anderen extracutanen Melanocyten fehlen. Einzelne Teile der Melanophoren können von den Mitochondrien in dichter Packung ganz erfüllt sein, dabei ist die Verteilung von Melanosomen und Mitochondrien in den ohne pharmakologische Vorbehandlung fixierten Melanophoren zwischen Zelleib und Fortsätzen sehr wechselnd. Die hier zum Vergleich herangezogenen cutanen Melanophoren von *Anolis carolinensis* unterscheiden sich durch die wesentlich kleineren Melanosomen von allen extracutanen Melanocyten aller untersuchten Arten.

Auf keinem elektronenmikroskopischen Schnitt wurde an einem Melanocyten eine synapsenartige Verbindung mit einem Nerven gefunden. Im umgebenden Bindegewebe sind häufiger verschieden große Bündel markloser Nervenfasern zu betrachten, aber ohne spezifischen Kontakt zu den Melanocyten. Von den bei stärkerer extracutaner Pigmentierung auch immer vorhandenen pigmentierten Makrophagen sind die Melanocyten eindeutig zu unterscheiden. Makrophagen, die viele Melanosomen gespeichert haben, enthalten neben diesen stets andere aufgenommene Partikel, zum Teil in Vacuolen oder von verschieden gearteten Membransystemen umgeben. Sie weisen nie die strenge Einheitlichkeit im inneren Aufbau auf wie die extracutanen Melanocyten.

Besprechung der Befunde

1. Herkunft der extracutanen Pigmentzellen

Die aufgezeigten Gesetzmäßigkeiten der Anordnung und Differenzierung der extracutanen Melanocyten werden durchsichtiger, wenn man die entwicklungsphysiologischen Daten zu Hilfe nimmt. Es darf als sicher gelten, daß alle Chromatophoren der Wirbeltiere aus der Neuralleiste, bzw. dem cranialen und caudalen Neuralwulst stammen (Zusammenfassung bei DuSHANE, 1943, 1944; RAWLES, 1947; LEHMAN and YOUNGS, 1959; NIU 1959; WILDE, 1961). Daß auch alle extracutanen Chromatophoren der Neuralleiste oder den Neuralwülsten entspringen, ist zuletzt und am ausführlichsten bei ANDRES (1963) dargestellt worden. Zudem haben RAWLES (1945) und REAMS (1956) durch Transplantationen nachgewiesen, daß bei Hühnern mit pigmentiertem Peritonaeum die peritonealen Melanocyten nur ortsspezifisch differenziert sind, daß die extracutanen Melanoblasten vor der Ausdifferenzierung auch in der Lage sind, ein rassenspezifisches Farbmuster der Federn zu erzeugen.

2. Vorkommen der Pigmentzellen

Bei den Echsen sind extracutan nur Melanocyten zu finden, Guanophoren und Xanthophoren sind auf die Haut beschränkt. Bei den Amphibien und Teleostiern treten auch extracutan Guanophoren und Xanthophoren auf (BALLOWITZ, 1913a, 1920; RAUTHER, 1927; HARDER, 1964 und eigene Beobachtungen). Die Echsen zeigen trotz ihrer zum Teil ausgedehnten inneren Pigmentierungen also gegenüber den Teleostiern und Amphibien reduzierte, vereinfachte Verhältnisse. Bei den Vögeln und Säugern ist die Ausbreitung der Chromatophoren, von ganz wenigen Ausnahmen abgesehen (LUBNOW, 1956, 1957; NICHOLS and REAMS, 1960; BILLINGHAM und SILVERS, 1960; SOKOLOV, 1963), auf die Haut beschränkt. In dieser Reihe der zunehmenden Spezialisierung des Chromatophorenverhaltens nehmen die Echsen eine Mittelstellung ein.

Die extracutanen Pigmentierungen der Echsen sind artspezifisch, aber von Art zu Art so stark wechselnd, daß neben Species mit vielen pigmentierten inneren Organen solche ohne jeden extracutanen Melanocytenbesatz stehen: Viele Arten der Lacertiden, Scinciden und Anguiden sind umfangreich pigmentiert, ebenfalls von den Gekkoniden Arten der Gattungen *Phelsuma* und *Tarentola*, dazu zahlreiche Arten der Agamiden, Iguaniden und Chamaeleontiden, besonders der Gattungen *Agama, Amphibolurus, Calotis* und *Anolis, Sceloporus, Tropidurus* und *Chamaeleo*. Die zuletzt genannten Familien besitzen aber auch manche Arten, denen extracutane Pigmentierungen weitgehend oder vollständig fehlen. Sie fehlen bei den Lidgeckos, den *Eublepharinae*, und sind bei einigen anderen Arten der Familie der *Gekkonidae* sehr schwach ausgeprägt, so bei der Gattung *Gekko*. Dann fallen besonders die Arten der Tejiden dadurch auf, daß sie sehr geringe oder gar keine extracutanen Pigmentierungen besitzen. Auch bei reich pigmentierten Arten sind die verschiedenen Organe bei verschiedenen Species in sehr wechselnder Weise pigmentiert (DUNCKER, 1964, 1965).

Für die Musterbildung der extracutanen Pigmentierung sind eine ganze Reihe von Faktoren verantwortlich, die heute in Grundzügen durch experimentelle Untersuchungen bei Amphibien und Vögeln verständlich sind (RAWLES, 1945; REAMS, 1956; LEHMAN and YOUNGS, 1959; NIU, 1959; WILDE, 1961; ANDRES, 1963; BRICK and DALTON, 1964; ANDRES und STEINICKE, 1965). Die Bildung des extracutanen „Musters" wird wesentlich durch die artspezifischen Faktoren, wie die Anzahl der primär gebildeten Melanoblasten, ihre spezifische Affinität zu bestimmten Geweben, ihre Wanderungsgeschwindigkeit, die Geschwindigkeit ihres inneren Differenzierungsablaufes und die bei der Wanderung eingeschlagenen Wege im Embryo bestimmt. Im Zusammenspiel mit diesen den Melanoblasten eigenen Faktoren wirkt die jeweils ortsspezifische, vor allem wohl biochemische Differenzierung der einzelnen sich entwickelnden Gewebe und Organe, ihre „melanogenetische Aktivität" (PEHLEMANN, 1967a), die auch artspezifisch differieren kann. Daraus ergeben sich wechselnde anziehende oder abstoßende Wirkungen auf die Melanoblasten. Im Zusammenwirken aller Faktoren entstehen die von Art zu Art so sehr unterschiedlichen extracutanen Pigmentierungsmuster, auf die in diesem Zusammenhang nicht weiter eingegangen wird (DUNCKER, 1964).

Ein grundlegendes Charakteristikum der extracutanen Pigmentierungen der Echsen ist, daß sich die Melanocyten nur im lockeren und im reticulären Bindegewebe finden. Sie besiedeln nur bereits vorhandene Räume, die im unpigmentierten Gewebe ebenso zu finden sind, dort aber nur spärliche Kollagenfasern in der Intercellularsubstanz enthalten. Das ausschließliche Vorkommen von Melanocyten im Bindegewebe, vornehmlich im lockeren Bindegewebe, beschreibt LUBNOW (1957) für das japanische Seidenhuhn. Ebenso wie hier für die Echsen beschrieben, findet LUBNOW im straffen Bindegewebe und im Knorpel und Knochen keine Melanocyten und führt das darauf zurück, daß dort Fibrocytennetze fehlen, auf denen sich die Melanocyten im lockeren Bindegewebe ausbreiten und anlagern. Auch FIORONI (1961) beschreibt für *Natrix natrix* das Fehlen von Melanocyten in Knorpel, Knochen und Sklera, führt das aber auf den kompakten Bau dieser Gewebe zurück. Das Fehlen des lockeren Bindegewebes mit seinen Räumen ist auch nach meinen Befunden der Grund für das Fehlen der Pigmentierung in diesen Geweben.

3. Verhalten der Melanocyten im Bindegewebe

Das lockere Bindegewebe ist bei einer Pigmentierung nicht gleichmäßig mit Melanocyten durchsetzt, sondern in seinem Raumsystem lagern sich die Melanocyten bevorzugt den Oberflächen bestimmter Organe an. Das fällt schon bei der Lupenpräparation auf und ist ebenso bei der licht- und elektronenmikroskopischen Untersuchung deutlich: Die Melanocyten liegen in dünner Schicht in einem geringen, genau eingehaltenen Abstand den Organkapseln, den Gefäß- und Nervenadventitien, Periost und Perichondrium, den Hirnhäuten oder dem Peritoneum an (Abb. 12a und b). Diese Beziehung der Melanocyten zu Grenzflächen, an denen verschiedene Gewebe oder Organe aneinanderstoßen, ist für die extracutanen Pigmentierungen der Echsen die Regel. Sie ist auch dort festzustellen, wo auf den ersten Blick flächige Pigmentierungen fehlen, wie beim Melanocytenbesatz der Muskulatur. Die Melanocyten liegen dort den kleinen Gefäßen oder Nerven an, und bei stärkerer Pigmentierung bringen sie das Gefäßsystem des Muskels zur Darstellung.

Die Beziehung der Melanocyten zu Grenzflächen ist aus den räumlichen Verhältnissen allein nicht zu verstehen. Melanoblasten beeinflussen sich in ihrer Wanderung und Differenzierung gegenseitig durch diffundierende Stoffwechselprodukte (TWITTY, 1949, 1953; TWITTY und NIU, 1948, 1954) und werden in ihrer Wanderung, Verteilung und Ausdifferenzierung auch wesentlich vom umgebenden Gewebe bestimmt (LEHMAN, 1953; STEVENS, 1954; FINNEGAN, 1955). Dazu haben vor allem BRICK und DALTON (1963) und LANDESMAN und DALTON (1964) nachgewiesen, daß die Melanoblasten zur vollen Ausdifferenzierung Kontakt mit zwei verschiedenen Geweben benötigen. An den Grenzflächen ist dieser Kontakt mit zwei Geweben gegeben. Außerdem werden Grenzflächen, besonders in der Ontogenese, dadurch ausgezeichnet sein, daß an ihnen die Konzentrationsgefälle gewebsspezifischer, diffundierender Stoffwechselprodukte, die von den beiden aneinandergrenzenden Geweben ausgehen, in einem bestimmten Verhältnis zueinander stehen. Dort differenzieren sich die Melanoblasten dann aus. So ist die Anlagerung der Melanocyten in einer dünnen, scharf begrenzten Schicht zu verstehen, wie sie in einem ganz streng eingehaltenen, geringen Abstand an Fascien und Organkapseln, Gefäß- und Nervenadventitien, Meningen und Peritonealepithel zu beobachten ist (Abb. 12a und b).

Bei Untersuchung einer ausreichend großen Artenzahl wird man fast alle im Organismus der Echsen vorkommenden Grenzflächen einmal mit Melanocyten besetzt finden, wenn auch vielleicht nur bei einer Art in geringer Ausdehnung. Deshalb ist die Einteilung, die WEIDENREICH (1912) für die extracutanen Pigmentierungen in eine perineurale, eine perivasculäre und pericoelomatische Zone gab, nur eine erste grobe Orientierung. Eine vollständigere Kenntnis der extracutanen Pigmentierungen zeigt, daß damit das Prinzip der Beziehung der Melanocyten zu Grenzflächen nicht erfaßt ist. WEIDENREICHs drei Pigmentierungszonen stellen nur die häufigsten vorkommenden extracutanen Pigmentierungen dar. LUBNOWs (1957) Erklärung für Vorkommen und Verteilung der Melanocyten, die beim japanischen Seidenhuhn nur auf Fibrocytennetzen des lockeren Bindegewebes zu finden sein sollen, trifft zumindest für die Echsen nicht zu. Zwar findet man bei manchen extracutanen Pigmentierungen, aber lange nicht bei allen, die Melanocyten von auffallend dünnen, plattenförmigen Fibrocyten begleitet, teils sogar umgeben. Nach den elektronenmikroskopischen Bildern haben diese Fibrocyten Beziehungen zu den Melanocyten, die sie abzukapseln, einzuhüllen scheinen (Abb. 13), aber eine Beziehung der Melanocyten zu den Fibrocyten in der Weise, daß sich die Melanocyten nur in der Nähe von Fibrocytenfortsätzen anlagern, ist nicht nachzuweisen. Eine generelle Beziehung besitzen die Melanocyten im lockeren Bindegewebe nur zu Grenzflächen.

Während die Melanocyten im lockeren Bindegewebe in keinem Fall den vorhandenen Raum vollständig durchziehen, durchsetzen sie das Fettgewebe und das Knochenmark, wenn diese pigmentiert sind, stets gleichmäßig (Abb. 10c). Das retikuläre Bindegewebe bietet den Melanoblasten also nicht wie das lockere Bindegewebe im wesentlichen nur Raum zur Anlagerung an bestimmten Grenzflächen, sondern es zieht als ganzes Gewebe die Melanoblasten an. Dadurch erstrecken die Melanocyten ihre Fortsätze gleichmäßig in allen Richtungen in vorhandene Räume (Abb. 10c), sie sind mit relativ wenigen, gröberen, aber dreidimensional angeordneten Fortsätzen versehen. Damit ist eine gewisse Ähnlichkeit im Melanocytenbesatz von retikulärem Bindegewebe und Epidermis gegeben.

4. Verhalten der Melanocyten zueinander

Unabhängig davon, ob sich die Melanocyten gleichmäßig dreidimensional oder vorwiegend zweidimensional ausdifferenziert haben, halten sie stets einen im Durchschnitt gleichen Abstand voneinander ein (Abb. 1a—c, 2a—d und 3a). Das ist ein Grundprinzip der Verteilung extracutaner Melanocyten, das bei fast allen vorkommenden Pigmentierungen zu finden ist. In dem Prinzip gleichen Abstandes aller Pigmentzellen voneinander liegt ein wichtiger Unterschied zum Verhalten der cutanen Melanophoren und Melanocyten, die zur Schuppenmitte jeweils eine Zunahme ihrer Dichte zeigen, und die im Zusammenspiel mit den anderen Chromatophoren der Haut oft eine diskontinuierliche, musterbildende Verteilung besitzen.

Das Bestehen eines annähernd gleichen Abstandes der extracutanen Melanocyten ist mit einem anderen Verhalten dieser Zellen unmittelbar gekoppelt: jeder Melanocyt nimmt ein eigenes Areal ein, in das kein anderer Melanocyt mit seinen Fortsätzen eindringt (Abb. 1, 2, 7, 9 und 11). Die Größe der Melanocytenareale steht in unmittelbarer Beziehung zur Pigmentierungsdichte. Nehmen die Melanocyten große Areale ein, so ergibt sich eine geringe Pigmentierungsdichte, während eine dichte Pigmentierung dann entsteht, wenn die einzelnen Melanocyten nur kleine Areale besetzen.

Je nach Größe ihres Areales besitzen die Melanocyten viele lange (Abb. 1a und 2b—d), oder nur wenige kurze, dicke Fortsätze (Abb. 1b), und im Extremfall grenzen sie als polygonale Platten geschlossen aneinander (Abb. 1c und 9a—d). Da die Melanocyten nur ihr Areal besetzen, ist die Größe ihres Areales, und damit also auch die Dichte der Pigmentzellen, ein ganz wesentlicher Faktor für die Ausbildung ihrer Form. Bilder extracutaner Melanocyten, die FIORONI (1961) von Schlangen und Echsen und FISCHEL (1920) und BYTINSKY-SALZ (1957) von Amphibien-Larven veröffentlichten, zeigen ebenfalls dieses Areal- und Distanzverhalten. Es kommt also nicht nur bei Reptilien, sondern auch bei Amphibien vor. Die Autoren gehen darauf aber nicht ein; FISCHEL sieht zudem überall Syncytien.

Das Areal- und Distanzverhalten der extracutanen Melanocyten der Echsen steht in voller Übereinstimmung mit den Kenntnissen von der Entwicklungsphysiologie der Melanoblasten der Amphibien. Die Melanoblasten üben im Verlaufe ihrer Auswanderung zunächst eine abstoßende Wirkung aufeinander aus (TWITTY, 1944, 1949, 1953; TWITTY and NIU, 1948, 1954; DALTON, 1953; LEHMAN and YOUNGS, 1959; NIU, 1959; WILDE, 1961; ANDRES, 1963). Daraus resultiert, daß die Melanoblasten ein eigenes Areal einnehmen, in das kein anderer Melanocyt eindringen kann, und daß sie sich in einem allseits ungefähr gleichen Abstand voneinander halten. Bemerkenswert ist, daß dieses für die erste Phase der Musterentstehung in der Haut charakteristische Verhalten der Melanoblasten für die extracutanen Melanoblasten in der Regel das endgültige ist.

Nur an einigen wenigen Orten zeigen die extracutanen Melanocyten eine Weiterentwicklung ihres Verhaltens, das dem der zweiten Entwicklungsphase der Melanoblasten in der Haut der Amphibien entspricht, in der sie sich gegenseitig anziehen (LEHMAN and YOUNGS, 1959). Dorsal der Nieren unter ihrer Kapsel und im anliegenden Bindegewebe, dorsal am Ursprung der Mesenterien unter dem cranialen parietalen Peritonaeum und im Perikard zeigen die Melanocyten eine wechselnd starke Tendenz zur Aggregation, und das bei jeweils mehreren Arten. Im einfachsten Fall streben die Fortsätze benachbarter Melanocyten aufeinander zu, so daß ein Netzmuster gebildet wird (Abb. 6a). Bei starker Aggregation ordnen sich die Melanocyten unter Verlust ihrer Fortsätze zu einzelnen Pigmentzellhaufen zusammen, es kommt zu einer diskontinuierlichen Verteilung (Abb. 6b—d). Das Einhalten eines eigenen Areales durch jeden Melanocyten und die Ausdifferenzierung an einer Grenzfläche werden aber von dieser Änderung ihres Verhaltens untereinander nicht beeinflußt.

Die verbreitetste Form der Aggregation ist die Netzform der Melanocytenanlagerung. Sie wird von LUBNOW (1957) für das japanische Seidenhuhn und von FIORONI (1961) für *Natrix natrix* beschrieben und abgebildet. Am ausgeprägtesten ist die Netzbildung cutaner Melanocyten bei Larven von *Bombina* und *Discoglossus*, Anurenarten aus der Familie der Scheibenzüngler (ELIAS, 1936; BYTINSKI-SALZ, 1939; ANDRES, 1963). Eine stärkere Aggregation der Melanocyten, ganz entsprechend der in dieser Arbeit beschriebenen geschlossenen Melanocytenanlagerung mit zahlreichen runden, wechselnd großen pigmentzellfreien Flecken beschreibt SCHMIDT (1918) von der Unterseite der Knochenschuppen von *Lygosoma smaragdinum*, einem Scinciden, als eigentümlich geformte Melanophoren und bildet sie ab. In den extracutanen Pigmentierungen der Echsen ist die Aggregation, die Netz- oder Gruppenbildung der Melanocyten, aber eine seltene Erscheinung. Das mag damit zusammenhängen, daß im Innern des Echsenkörpers neben den Melanocyten andere Pigmentzelltypen fehlen, die in der Haut mit den Melanophoren ein kompliziertes Zusammenspiel ergeben (SCHMIDT, 1912, 1913, 1918; SCHNAKENBECK, 1926; LEHMAN and YOUNGS, 1959).

5. Ortsspezifische Beeinflussung der Melanocytenform und -dichte

Nicht an allen Orten können sich die Melanocyten ungehindert entsprechend den bisher behandelten formbestimmenden Faktoren entfalten. Wenn der histologische Raum am Ort der Melanocytenanlagerung begrenzt ist, wird davon auch die Form der Melanocyten wesentlich beeinflußt (Abb. 4a—d). Diese Formabhängigkeit der Melanocyten von den zur Verfügung stehenden Räumen des Bindegewebes hat SCHNAKENBECK (1926) in seinen Bildern von Melanophoren der Fischhaut gezeigt. An ihnen erkennt man einmal die Verdrängung der Chromatophoren durch Gefäße, Flossenstrahlen und Knochenplatten, und zum anderen die Ausrichtung der Melanocyten-Fortsätze durch die Textur des kollagenen Bindegewebes, vor allem in den Flossen. Ganz entsprechende Bilder finden sich bei den extracutanen Pigmentierungen der Echsen. Bei ihnen ist diese Formabhängigkeit der Melanocyten vom vorhandenen Raum aber noch extremer ausgebildet, so in der Muskulatur an den kleinen Gefäßen und Nerven oder in der Vorderkante der cranialen Mesosalpinx, wo der verfügbare Raum so eingeengt ist, daß die Melanocyten nur als langgestreckte Stäbe ausgebildet sind, die nur selten seitlich einen Fortsatz abgeben (Abb. 3a—c). Im Perikard und unter dem Peritonaeum am Ursprung des Mesogastrium und über der Niere trifft starke räumliche Beschränkung der Ausbreitung der Melanocyten mit ihrer Aggregationstendenz so zusammen, daß es zu einer Ausfüllung der Lücken im lockeren Bindegewebe kommt (Abb. 5a—d). Die Form der vorhandenen Lücken bestimmt dort allein die Form der Melanocyten.

Die Melanocytenform einiger weniger Pigmentierungen läßt sich aber weder aus dem Verhalten der Melanocyten untereinander und im Bindegewebe, noch aus der Struktur der histologischen Räume verstehen. Bei *Tarentola mauritanica* ändert sich die Form der Melanocyten auf der Arachnoidea in einer scharfen Linie, wo sie von dorsal unter dem knöchernen Neurocranium nach lateral unter das membranöse Neurocranium umbiegt (Abb. 7a). In der sehr schmalen Übergangszone finden sich selten einige Zellen, auf die dem Anschein nach beide Formtendenzen einwirken und die als plumpe, etwas gezackte Platten eine Zwischenform darstellen (Abb. 7b). Da die Arachnoidea im Übergang von einem zum anderen Bereich keine Strukturveränderungen zeigt, müssen hier nicht-strukturelle ortsspezifische Faktoren die Form der Melanocyten beeinflussen.

Aber auch an anderen Orten als der Arachnoidea von *Tarentola mauritanica* beeinflussen nichtstrukturelle ortsspezifische Faktoren die Form der Melanocyten. So findet man dorsal der Nieren unter und an der Kapsel bei einigen Arten Melanocyten mit sehr wenigen, dafür aber sehr langen, unverzweigten und geraden Fortsätzen, die wie Spieße hervorragen. Auch dafür läßt sich aus der Struktur der

Gewebe keine Ursache ablesen. Darüber hinaus zeigt die Ausbildung einer für den jeweiligen Ort spezifischen Melanocytenform, daß neben den Faktoren der Pigmentierungsdichte und der räumlichen Beschaffenheit bei allen extracutanen Pigmentierungen auch nichtstrukturelle ortsspezifische Faktoren die Melanocytenform mitbestimmen. Für die nichtstrukturelle ortsspezifische Formbeeinflussung ist charakteristisch, daß sie zwar bei vielen, aber nicht bei allen Arten in gleicher Weise für die jeweilige pigmentierte Lokalität nachzuweisen ist.

Außerdem fällt es auf, daß bestimmte Gewebe häufig in einer bestimmten Dichte pigmentiert sind. So sind das Knochenmark und das Fettgewebe meist dicht und der Darm sehr dicht pigmentiert (DUNCKER, 1964). Neben einer solchen gewebsspezifischen Pigmentierungsdichte gibt es aber auch ortsspezifische Dichten des Melanocytenbesatzes, bei denen ein an bestimmter Stelle gelegener Teil eines Gewebes oder Organes meist in einer bestimmten Dichte mit Melanocyten versehen ist: Das caudale parietale Peritonaeum ist meist geschlossen, das craniale parietale Peritonaeum aber meist nur dicht pigmentiert (DUNCKER, 1964). Zwischen der spezifischen Pigmentierungsdichte bestimmter Regionen und ihrer Struktur, besonders der Struktur ihres Bindegewebes, bestehen innige Zusammenhänge, wie für den Gegensatz in der Pigmentierung und Struktur des cranialen und des caudalen parietalen Peritonaeums nachgewiesen wurde.

An verschiedenen Wirbeltieren wurde nachgewiesen, daß das Gewebe bestimmt, ob es pigmentiert wird oder nicht. Die „melanogenetische Aktivität" (PEHLEMANN, 1967a) wechselt von Gewebe zu Gewebe sehr stark, ist aber für das einzelne Gewebe einer Art oder für bestimmte Bereiche davon spezifisch. Die Chromatoblasten zeigen unter dieser Einwirkung spezifische Affinität zu bestimmten Geweben, dagegen hemmen andere Gewebe oder Gewebsbereiche die Chromatoblasten permanent oder zeitweise (Zusammenfassung und Literatur bei KOECKE, 1959; LEHMAN and YOUNGS, 1959; FIORONI, 1961; ANDRES, 1963). Die extracutanen Pigmentierungen der Echsen sind in der Auswahl der pigmentierten Strukturen und in der Ausdehnung der einzelnen Pigmentierung artspezifisch (DUNCKER, 1964, 1965). Außerdem ist die Pigmentierung jeder einzelnen Struktur auch in ihrer Dichte und in der Form ihrer Melanocyten spezifisch für die jeweilige Art. Bei den Beziehungen, die zwischen der Struktur des Gewebes, der Dichte der Pigmentierung und der Form der Melanocyten bestehen, muß angenommen werden, daß die Faktoren, die die Pigmentierung eines Gewebsbereiches bestimmen, zugleich auch die spezielle Gewebe-Struktur dieses Bereiches, die Dichte der Melanocyten und ihre Form beeinflussen.

Die Melanoblasten werden artspezifisch in ein bestimmtes Organ oder Gewebe einwandern, um sich dort gewebsspezifisch anzulagern und sich bis zu der für diese Region spezifischen Dichte zu vermehren. Die vollkommen gleichmäßig ausgebildete, spezifische Dichte des Melanocytenbesatzes spricht dafür, daß das Ausmaß der abstoßenden Wirkung, die die Melanoblasten aufeinander ausüben, organ- oder ortsspezifisch induziert wird. Das Einwirken von strukturellen und nichtstrukturellen Faktoren ergibt dann in Wechselwirkung mit dem Verhalten der Melanoblasten zueinander die endgültige Ausgestaltung dieser Pigmentierungen und der spezifischen Melanocytenform. Diese Wechselwirkung zwischen den Faktoren der Umgebung und den Melanoblasten ist in der ganzen Unterordnung der Echsen so gesetzmäßig und für den jeweiligen pigmentierten Ort so gleichförmig, daß gleicher Ort und gleiche Dichte bei verschiedenen Arten gleiche, zumindest sehr ähnliche Formen der Melanocyten bedingen, auch bei Arten aus verschiedenen Familien.

6. Artspezifität der Melanocytenform, Größe der Melanocyten und ihrer Areale

Bei der großen Vielfalt der extracutanen Pigmentierungen in Auswahl, Ausdehnung und Dichte und den vielfältig bedingten, großen Formunterschieden der Melanocyten ist es schwierig, artspezifische Unterschiede in ihrer Form festzustellen. Die Anzahl der Arten, bei denen eine bestimmte Struktur an bestimmtem Ort in gleicher Dichte pigmentiert ist, ist fast immer zu gering, um Aussagen über artspezifische Formkomponenten zu gestatten. Melanocyten aus Pigmentierungen verschiedener Orte sind schwer vergleichbar, weil dabei artspezifische Formanteile nicht von ortsspezifischen strukturellen und nichtstrukturellen Formabwandlungen getrennt werden können (Abb. 2a—d). Nur das caudale parietale Peritonaeum ist bei einer größeren Zahl von Arten sehr dicht bis geschlossen pigmentiert, und hier sind in der Weise, wie die zu einer plattenepithelartigen Schicht zusammengelagerten Melanocyten an ihrem Rande mehr oder weniger starke Aufgliederung in Fortsätze zeigen, gewisse art- oder gattungsspezifische Unterschiede festzustellen (Abb. 1c und 9a—d). Sie sind also im ganzen gering, verglichen mit der durch die Dichte und den spezifischen Ort bestimmten Formenmannigfaltigkeit.

Sehr auffällig ist dagegen, daß alle untersuchten extracutanen Melanocyten bei allen Arten einer Größenkategorie angehören. Der Durchmesser eines Melanocyten mit Fortsätzen schwankt jedoch dabei, er ist groß bei sternförmigen Melanocyten mit dünnen Fortsätzen und klein bei polygonal scheibenförmigen Melanocyten. Konstant ist nicht der Durchmesser, sondern das Zellvolumen, das sich bei scheibenförmiger Ausbildung der Melanocyten im lockeren Bindegewebe aus der Fläche von Zelleib und Fortsätzen und ihrer recht konstanten Dicke ergibt. Deshalb hängt der Durchmesser von Fortsatzspitze zu Fortsatzspitze stark davon ab, in welcher Form der Melanocyt ausgebildet ist. Die Areale, die die Melanocyten einnehmen, zeigen noch viel stärkere Größenunterschiede. Bei sehr lockerer Pigmentierung füllt ein Melanocyt sein Areal bei weitem nicht aus, bei flächiger geschlossener Pigmentierung decken sich Fläche des Melanocyten und seines Areales.

Die geringen artspezifischen Formunterschiede der extracutanen Melanocyten der Echsen und ihre Zugehörigkeit zu einer Größenkategorie stehen im Gegensatz zu den großen artspezifischen Formunterschieden und den verschiedenen Größentypen der Melanocyten und Melanophoren in der Haut der Teleostier und Amphibien. Extracutane Chromatophoren dieser Wirbeltierklassen sind noch nicht systematisch untersucht, einzelne herausgegriffene Bilder (BALLOWITZ, 1913a und b, 1920) und eigene Beobachtungen zeigen aber starke Größenunterschiede direkt benachbarter extracutaner Melanocyten der Teleostier. SCHNAKENBECK (1926) konnte an einem reichen Material von Teleostiern große artspezifische Form- und Größenunterschiede der Melanophoren der Haut durch einen Vergleich der Chromatophoren vom gleichen Ort und aus der gleichen Schicht herausstellen. Außerdem fand er Größenunterschiede auch in Abhängigkeit vom Ort und von der Dichte der Pigmentierung. ANDRES (1963) hat für fünf Anurenarten durch die Analyse der larvalen Musterentstehung wesentliche Unterschiede im Verhalten und auch in Größe und Form der Chromatophoren der einzelnen Arten feststellen können. In der Haut der Echsen kann man ebenfalls verschieden große Melanophoren nebeneinander finden.

Größer als die artspezifischen Formunterschiede scheinen die art- und gattungsspezifischen Unterschiede in den physiologischen Eigenschaften der Melanocyten zu sein. So finden sich nur in der Gattung *Phelsuma* Melanocyten im retikulären Bindegewebe, und einzig bei dieser Gattung zeigen die Melanocyten an diesem Ort und in der Fascia subcutanea die Fähigkeit, aktiv ihre Melanosomen auszubreiten und zu konzentrieren. Die Aggregation der Melanocyten zu Netzen oder Gruppen findet sich nur im Perikard, im dorsalen cranialen parietalen Peritonaeum und um die Nieren herum. In deutlicher Ausprägung zeigen aber nur wenige Gattungen aus mehreren Familien, *Sceloporus*, *Sphenomorphus* und *Lacerta*, diese Aggregation. Die Unterschiede in den physiologischen Eigenschaften der Melanoblasten kommen aber am stärksten in der art- und gattungsspezifisch äußerst mannigfaltig variierenden Affinität zu den verschiedenen Gewebegrenzflächen zum Ausdruck.

7. Cytologie der extracutanen Melanocyten

Die Formabhängigkeit der Melanocyten von dem zur Verfügung stehenden Raum und ihre strenge Beziehung zu Grenzflächen im lockeren Bindegewebe läßt sich auch im Elektronenmikroskop nachweisen. Ihre Dicke beträgt dort, wo sie sich an Grenzflächen anlagern, meist etwa 3—5 Melanosomenlagen (Abb. 12a). Die Melanocyten sind also nur wenig dicker als das Peritonealepithel. Sie sind Formänderungen des Gewebes, dem sie angelagert sind, unterworfen, und weisen z. B. an einem stärker kontrahierten Gefäß eine größere Dicke auf (Abb. 12b). Die stabförmigen Pigmentzellen an den kleinen Gefäßen der Muskulatur sind im Querschnitt dicker als flächig ausgebildete Melanocyten. Auch in der Dura mater und im Perikard, wo sich die Melanocyten im lockeren Bindegewebe zwischen zwei straffen Lagen von Kollagenfasern ausbilden, sind Zelleib und Fortsätze mächtiger entwickelt (Abb. 13). Im Fettgewebe und im Knochenmark, wo eine Zuordnung zu einer Grenzmembran fehlt, sind die Anschnitte der Melanocyten ebenfalls sehr viel dicker und meist oval bis rund.

Die meisten extracutanen Melanocyten sind im Zelleib und in ihren Fortsätzen mit Melanosomen dicht erfüllt, so dicht, daß die Melanosomen aneinanderliegen und die Zellmembran sich der äußersten Melanosomenlage eng anschmiegt (Abb. 14a). Bei dieser dichten Packung der Melanosomen wird es verständlich, daß die subperitonealen Melanocyten bei geschlossener Pigmentierung, wenn sie unmittelbar Zellplatte gegen Zellplatte grenzen und nur 3—5 Melanosomendurchmesser dick sind, doch eine lichtundurchlässige Schicht darstellen. Alle Melanosomen in allen untersuchten extracutanen Melanocyten gehören einem Größentyp an, sie sind im Längsschnitt länglich oval und 0,9—1,0 μ lang und im Querschnitt rund und messen 0,6 μ in der Dicke (Abb. 14a—c). Das ist besonders auffällig im Vergleich zu den Melanosomen cutaner Melanophoren von *Anolis carolinensis*, die nur 0,6 μ in der Länge und 0,3—0,4 μ in der Dicke bei runder, längs-ovaler Gestalt messen (Abb. 14d). Die extracutanen Melanocyten zeigen in der Größe ihrer Melanosomen ein gleiches uniformes Verhalten wie in ihrer Zugehörigkeit zu einer Größenkategorie. Verschiedene Typen von Melanocyten mit unterschiedlich großen

Melanosomen bei einer Art sind mehrfach beobachtet worden, so bei einer Echsenart von SCHMIDT (1913), bei Kaninchenembryonen von GUETTES (1953), bei Seidenhuhnembryonen von WEISSENFELS (1956) und bei Entenembryonen von KOECKE (1959). Auch FIORONI (1961) beobachtete bei Schlangen Melanosomen verschiedener Größe, wobei er in „gewisser Abhängigkeit vom Melanophorentyp" besonders in den extracutanen Melanocyten große Melanosomen fand. Das entspricht voll meinen Befunden.

Das hervorstechendste Merkmal der extracutanen Melanocyten ist aber das fast vollständige Fehlen aller anderen cytoplasmatischen Differenzierungen. Man muß schon sehr viele Schnitte von Melanocyten unter dem Peritonaeum oder an Gefäßen durchmustern, um einmal ein kleines Mitochondrium zu finden (Abb. 12a und b). Alle anderen cytoplasmatischen Organellen wurden in den typisch ausgebildeten Melanocyten niemals gefunden (Abb. 14a). Diese Zellen können also nur einen äußerst geringen Stoffwechsel haben, sie liegen nach ihrer Ausdifferenzierung weitgehend inaktiv an ihrem Ort. Das wird besonders deutlich im Vergleich mit den Mitochondrien-reichen cutanen Melanophoren (Abb. 14d). Damit ist die große Masse der extracutanen Melanocyten differenziert zu Zellen, die nur Melanosomen enthalten, mit denen sie so vollgepackt sind, daß die Melanosomenverteilung in der Zelle nicht verändert werden kann. Das stimmt mit meinen Beobachtungen und meinen orientierenden pharmakologischen Experimenten überein, die keinerlei Änderung der Melanosomenverteilung in den subperitonealen Melanocyten ergaben, also keinen physiologischen, kurzzeitigen Wechsel der Färbung. Die extracutanen Melanocyten sind in der Regel stoffwechselträge, unbewegliche, aber in ihrer Form erstaunlich vielfältig ausgebildete „Pigmentsäcke" (FIORONI, 1961). Eine entsprechend extreme Differenzierung berichten BERNSTEIN und PEASE (1959) von den Guanophoren des Tapetum lucidum der Katze. Die ausdifferenzierten extracutanen Melanocyten der Echsen stehen mit ihrer Inaktivität im Gegensatz zu den extracutanen Pigmentzellen der Amphibien, von denen FISCHEL (1920) ein Farbwechselvermögen berichtet. Eine systematische Untersuchung steht aber darüber noch aus.

8. Wachstum und Teilung der extracutanen Melanocyten

Soweit bis heute Beobachtungen vorliegen (DUNCKER, 1964), bleibt die einmal erreichte Pigmentierungsdichte beim Wachstum des Tieres erhalten. Dazu sind aber Wachstum und Teilung der Melanocyten auch nach der Embryonalzeit erforderlich. An einigen Orten konnte nun beobachtet werden, daß bei dichter Pigmentierung zwei Melanocyten nicht allseitig gleich polygonal ausgebildet sind, sondern daß sie zusammen ungefähr ein Kreisareal einnehmen und in einem geraden Kreisdurchmesser voneinander getrennt sind (Abb. 11b). Bei lockerer Pigmentierung sind an einzelnen Stellen Zweiergruppen zu beobachten, die ebenfalls durch eine schmale gerade Trennungslinie voneinander abgegrenzt sind (Abb. 11a).

Diese Befunde machen es sehr wahrscheinlich, daß die Melanocyten mit dem Wachstum des Tieres an Größe zunehmen und sich bei Überschreiten einer gewissen Zellgröße teilen, wofür die Zellpaare sprechen. Diese Deutung der Zellpaare wird durch Bilder von FLEMMING (1890) und ZIMMERMANN (1890) und durch

Lebendbeobachtungen gestützt, die PEHLEMANN (1966, 1967b) bei der Teilung cutaner Melanophoren von *Xenopus laevis*-Larven machen konnte. Durch Zellteilung können Pigmentierungsdichte und gleiche Größe der Melanocyten auch bei wachsenden Tieren gewahrt bleiben.

9. Abweichende Differenzierung einzelner Melanocyten-Vorkommen

Neben der Hauptmasse der prall gefüllten extracutanen Melanocyten gibt es in der Dura mater und im Perikard Melanocyten mit lockererer Melanosomenpackung (Abb. 14a). Doch ihr Vorkommen schwankt stärker von Species zu Species. Darüber hinaus kommen an einzelnen Orten bei einer Art — so in der Arachnoidea bei *Tarentola mauritanica* oder an der Aorta bei *Teius teyou* — Melanocyten vor, die von Individuum zu Individuum eine wechselnd starke Ausbildung von Melanosomen zeigen. Schon bei Lupenbetrachtung sieht man dort eine hellere oder dunklere Pigmentierung, obgleich Dichte und Form der Melanocyten bei allen Individuen die gleiche ist. In diesen Melanocyten mit etwas lockerer Melanosomenpackung sind kleine, helle Mitochondrien selten, aber regelmäßig anzutreffen. Sie leiten über zu Melanocyten, die schon kleine, von Melanosomen freie Cytoplasmabezirke und kleine, längliche, elektronendichte Mitochondrien in zum Teil großer Zahl besitzen (Abb. 14b). Große strukturierte und helle Mitochondrien, wie sie in großer Zahl für die cutanen Melanophoren der Echsen charakteristisch sind, fanden sich nur in einzelnen Melanocyten (Abb. 14c). Ihre Lage in dem sich entwickelnden Bindegewebe und ihre cytologische Differenzierung sprechen dafür, daß sie ebenso wie die Fibrocyten noch lebhaft in Wachstum und Teilung begriffen sind.

Bei den lichtmikroskopisch untersuchten Pigmentierungen fanden sich an drei Orten bei *Phelsuma madagascariensis*, in der Fascia subcutanea, im Fettkörper an der Hals- und Rumpfseite und im Knochenmark neben gut ausgebildeten sternförmigen Melanocyten kugelförmig geballte (Abb. 10a—c). Daraus läßt sich ableiten, daß diese Melanocyten zu Konzentration und Ausbreitung ihrer Melanosomen zwischen Zelleib und Fortsätzen in der Lage sind, also einen Farbwechsel bewirken können. In den fixierten Präparaten wurden diese Formverschiedenheiten von Melanocyten eines Ortes nur bei diesen drei Pigmentierungen extracutan beobachtet, dagegen regelmäßig an den Melanophoren der Haut.

Es werden nicht nur die Anlagerungen der Melanoblasten, ihre Dichte und ihre Formausbildung vom jeweiligen Ort spezifisch determiniert, sondern auch ihre cytologische Differenzierung und im Zusammenhang damit ihre physiologischen Fähigkeiten. Die Hauptmasse der extracutanen Melanocyten ist extrem zu formmannigfaltigen, unbeweglichen Pigmentsäcken ausgebildet, an einigen wenigen Orten ist aber eine reichere cytologische Differenzierung und sogar ein Farbwechselvermögen zu finden. Eine ortsspezifisch unterschiedliche Ausbildung physiologischer Eigenschaften haben McGUIRE und MÖLLER (1965a und b) für die Melanocyten der Epidermis und des Corium von *Rana pipiens* nachgewiesen, deren Melanosomen sich auf α-MSH gemeinsam ausbreiten, während sich nur die Melanosomen in den Coriummelanophoren auf die üblichen Pharmaka wieder konzentrieren, die Melanosomen in den epidermalen Melanocyten dagegen nicht.

10. Schlußbetrachtung

Bei den Echsen stellen die extracutanen Melanocyten einen wesentlichen Teil des ganzen Pigmentzell-Systems dar. In ihrer Hauptmasse sind sie einheitlich zu unbeweglichen, dicht mit Melanosomen erfüllten „Pigmentsäcken" (FIORONI, 1961) differenziert, die weitgehend passiv im Gewebe liegen. Jedoch ist die Form dieser Melanocyten sehr unterschiedlich, abhängig vom jeweiligen Ort der Anlagerung, von der Dichte der Pigmentierung und von den im Bindegewebe vorhandenen Räumen. Dabei erweisen sich die Melanocyten als feine Anzeiger für Änderungen und Unterschiede im strukturellen und nichtstrukturellen Aufbau der Gewebe. Das gilt nicht nur für den ausgebildeten Organismus, sondern besonders auch für seine Entwicklungsabläufe. „Wie in der Haut sind die Pigmentzellen auch auf dem Peritonaeum" (und damit auch auf allen anderen Organen) „empfindliche Indikatoren für unsichtbare Differenzierungsabläufe, die sich in diesen Organen in einer zeitlich und räumlich festgelegten Ordnung abspielen" (ANDRES, 1963; S. 72).

Darüber hinaus sind die mannigfaltigen, in der Form der Melanocyten so vielfältigen extracutanen Pigmentierungen der Echsen ein Naturexperiment auf die vielfältigen Potenzen der Melanoblasten. Nicht nur in der Form, sondern auch in der cytologischen Differenzierung und in ihren physiologischen Eigenschaften zeigen sie ortsspezifisch verschiedene Ausbildung. RAWLES (1945) und REAMS (1956) haben durch Transplantationsexperimente bei Vögeln gezeigt, daß cutane und extracutane Melanocyten mit ihren sehr verschiedenen Eigenschaften nur ortsspezifische Differenzierungen darstellen. Folgt man der Nomenklatur von GORDON (1953), die inzwischen weiter geklärt wurde (FITZPATRICK et al., 1966a und b), so sind als Melanophoren nur die im Corium zu findenden Pigmentzellen zu bezeichnen, die den Ausbreitungszustand ihrer Melanosomen schnell ändern können. Sie kommen bei Teleostiern, Amphibien und Reptilien vor und sind dort für den physiologischen, den kurzzeitigen Farbwechsel verantwortlich. Die Melanophoren sind nach ihrer Lage in bestimmten Schichten des Coriums, ihrer Form, ihrer cytologischen Ausbildung und nach ihren physiologischen Eigenschaften ein sehr einheitlicher, gut definierter Differenzierungstyp der Melanoblasten.

Alle übrigen reifen Pigmentzellen, die Melanosomen enthalten, werden unter dem Terminus Melanocyten zusammengefaßt, obwohl sie äußerst vielfältig differenziert sind: Einzelne Melanocyten an bestimmten Orten sind zu einer aktiven Änderung ihrer Melanosomen-Verteilung befähigt, wie in dieser Arbeit gezeigt wurde und wie McGUIRE und MÖLLER (1965a und b) für die Epidermismelanocyten einer Amphibienart nachgewiesen haben. Andere, ebenfalls ortsspezifisch differenzierte Melanocyten sind für die Pigmentierung der Epidermiszellen, der entstehenden Federn und der wachsenden Haare verantwortlich. Sie besitzen die Fähigkeit, Melanosomen laufend neu zu bilden und an andere Zellen abzugeben (Cytokrinie). Vor allem bei niederen Vertebraten finden sich Melanocyten außer in der Epidermis und im Corium im ganzen Körper im lockeren und retikulären Bindegewebe. Sie sind in ihrer Form höchst mannigfaltig ortsspezifisch differenziert, wie in dieser Arbeit für die extracutanen Melanocyten der Echsen gezeigt wird. Melanocyten und Melanophoren stammen von Melanoblasten aus der Neuralleiste und stellen gleichfalls nur ortsspezifisch verschiedene Differenzierungen dar. Die Melanocyten sind also eine sehr vielfältige Reihe von Melanoblastenabkömmlingen, denen sich der sehr einheitliche Typ der Melanophoren kontinuierlich anschließt.

Zusammenfassung

Die extracutanen Pigmentierungen der Echsen wurden lupenpräparatorisch an vielen Arten aus allen Familien der Echsen untersucht. An 22 Arten aus den 8 großen Familien der Echsen wurden die Pigmentzellen lichtmikroskopisch besonders an Häutchenpräparaten studiert. Elektronenmikroskopisch wurden Pigmentzellen verschiedener Organe von 4 Arten aus 4 Familien bearbeitet.

Extracutan kommen bei den Echsen nur Melanocyten vor. Sie finden sich nur im lockeren und im retikulären Bindegewebe. Das retikuläre Bindegewebe wird von den Melanocyten gleichmäßig durchsetzt, im lockeren Bindegewebe lagern sich die Melanocyten nur in dünner, einschichtiger Lage Grenzflächen von Geweben oder Organen an. Auswahl und Ausdehnung der Pigmentierungen sind spezifisch für die einzelne Art.

Fast alle Organe der Echsen, die lockeres Bindegewebe enthalten, und das Fettgewebe und das Knochenmark sind zumindest bei einer Art in bestimmter Ausdehnung einmal pigmentiert zu finden. Dagegen fehlen Knochen, Knorpel, Sehnen und Bändern, Gehirn und Rückenmark stets Melanocyten, entsprechend dem Fehlen von lockerem Bindegewebe in diesen Organen. Pigmentzellen finden sich an ihnen nur außen angelagert.

Für die Form der Melanocyten im lockeren Bindegewebe sind der vorhandene histologische Raum, die Dichte der Melanocytenanlagerung und der jeweilige Ort verantwortlich. Die Form der Melanocyten und ihre Dichte sind spezifisch für den einzelnen pigmentierten Ort. Zwischen der Dichte der Pigmentierung, der Form der Melanocyten und der Struktur des pigmentierten Gewebes bestehen innige Beziehungen.

Die meisten extracutanen Melanocyten sind in der Form sehr mannigfaltig ausgebildet, doch cytologisch nur zu uniformen, stoffwechselträgen, unbeweglichen „Pigmentsäcken" differenziert. Nur an wenigen Orten bei einer Gattung besitzen die Melanocyten die Fähigkeit zur Ausbreitung und Konzentration ihrer Melanosomen. Alle extracutanen Melanocyten gehören einer Größenklasse an, und sie besitzen nur Melanosomen einer bestimmten Größe. Damit stehen sie im Gegensatz zu den cutanen Melanophoren, die verschieden groß sind und kleinere Melanosomen enthalten.

Zusammen mit den Kenntnissen der Entwicklungsphysiologie der Pigmentzellen kann man für die extracutanen Pigmentierungen der Echsen herausstellen: Auswahl, Ausdehnung und Dichte der einzelnen Pigmentierung werden artspezifisch durch das Zusammenspiel von Faktoren des Gewebes und der Melanoblasten determiniert. Die Form der Melanocyten wird dann von der Struktur der pigmentierten Gewebe, von der Einwirkung der Melanoblasten aufeinander, die abhängig ist von der Dichte ihrer Anlagerung, und von nichtstrukturellen Faktoren, die für den jeweiligen Ort spezifisch sind, bestimmt. Die Melanocyten zeigen als feine Indikatoren Vorgänge der Entwicklungsphysiologie der Echsen auf.

Summary

The extracutaneous pigmentations of lizards have been investigated by preparation with the aid of a dissection microscope. The pigment cells have been studied in whole mount preparations light-microscopically in 22 species out of the 8 large families of lizards. Electron microscopically pigment cells of several organs have been analysed in 4 species of 4 families.

Extracutaneously in lizards alone melanocytes occur. They are found exclusively in the loose and reticular connective tissue. In the latter melanocytes are scattered regularly, in the loose connective tissue, however, they line surfaces of tissues or organs with a thin monolayer arrangement. Pattern and expansion of pigmentation are specific for the single species.

Almost all organs of lizards which contain loose connective tissue, show pigmentation in a definite pattern at least in one species, as well as the adipose tissue and the bone narrow. On the other hand bone and cartilage, tendons and ligaments, brain and spinal cord lack any melanocytes, which correspondends to the absence of loose connective tissue in these organs. Melanocytes are found only added to their surface.

The shape of melanocytes in the loose connective tissue depends on the space, which is available, on the density of their aggregation and on specific factors of the tissue. Shape and aggregation of melanocytes are specific for the particular site of their differentiation. There are close relations between the density of pigmentation, the shape of melanocytes and the structure of the pigmentated tissue.

Most of extracutaneous melanocytes show a great variety in their shape, while they are differentiated cytologically to a kind of "pigmentated sacs" which are uniform, immovable and do not show high metabolism. Only in a single genus at few sites melanocytes are capable to spread and concentrate their melanosomes. All extracutaneous melanocytes belong to one class of size and contain melanosomes of one size. This is in contrast to cutaneous melanophores of lizards, which have different sizes and contain smaller melanosomes.

Along with the knowledge of developmental physiology of pigment cells one can point out for the extracutaneous pigmentations of lizards: Selection, distribution and density of the single pigmentation is specific for the species and they are determinated by factors of the tissue and of the melanoblasts. The shape of melanocytes has been determined by the architecture of the tissue and by the influence of melanoblasts upon each other. This influence depends on the density of their aggregation. There are other factors, determinating the shape of melanocytes, which are biochemical and specific for the definite tissue. Melanocytes therefore indicate very sensitive processes of the development of lizards.

Literatur

ADLER, A.: Melanin pigment in the central nervous system of vertebrates. J. comp. Neurol. 70, 315—329 (1939).

ANDRES, G.: Eine experimentelle Analyse der Entwicklung der larvalen Pigmentmuster von fünf Anurenarten. Zoologica 40, 1, H. 111, 1—112 (1963).

—, u. H. STEINICKE: Experimentelle Untersuchungen über die Spezifität der Beziehungen zwischen Pigmentzellen und Haut bei Amphibienlarven. Wilhelm Roux' Arch. Entwickl.-Mech. Org. 156, 249—282 (1965).

BAADER, O.: Über die Piamelanose. Z. Zellforsch. 22, 735—753 (1935).

Ballowitz, E.: Über schwarzrote und sternförmige Farbzellkombinationen in der Haut von Gobiiden. Ein weiterer Beitrag zur Kenntnis der Chromatophoren und Chromatophoren-Vereinigungen bei Knochenfischen. Z. wiss. Zool. 106, 527—593 (1913a).
— Über chromatische Organe, schwarzrote Doppelzellen und andere eigenartige Chromatophorenvereinigungen, über Chromatophorenfragmentation und über den feineren Bau des Protoplasmas der Farbstoffzellen. 27. Verh. Anat. Ges. Greifswald 1913. Ergänzungsh. z. Anat. Anz. 44, 108—116 (1913b).
— Über eigenartige Erscheinungen am Peritoneal-Pigment bei Knochenfischen. Arch. mikr. Anat. 93, I. Abt., 375—403 (1920).
— Die Pigmentzellen, Chromatophoren und ihre Vereinigungen (chromatischen Organe) in der Haut der Fische, Amphibien und Reptilien im Hinblick auf Färbung und Farbwechsel der Haut. In: Bolk-Göppert-Kallius-Lubosch, Handbuch der vergleichenden Anatomie der Wirbeltiere, Bd. 1, S. 505—520. Berlin u. Wien: Urban & Schwarzenberg 1931.
Bernstein, M. H., and D. C. Pease: Electron microscopy of the tapetum lucidum of the cat. J. biophys. biochem. Cytol. 5, 35—39 (1959).
Biedermann, W.: Vergleichende Physiologie des Integumentes der Wirbeltiere, II. Teil: Die Hautfärbung der Fische, Amphibien und Reptilien. Ergebn. Biol. 1, 174—342 (1926).
— Vergleichende Physiologie des Integumentes der Wirbeltiere, III. Teil, II: Das Federkleid der Vögel. Ergebn. Biol. 3, 388—541 (1928a).
— Vergleichende Physiologie des Integumentes der Wirbeltiere, IV. Teil: Das Haarkleid der Säugetiere. Ergebn. Biol. 4, 360—680 (1928b).
Billingham, R. E., and W. K. Silvers: The melanocytes of mammals. Quart. Rev. Biol. 35, 1—40 (1960).
Bittner, H.: Pigmentierte Hoden beim Hausgeflügel. Berl. Münch. tierärztl. Wschr. 41, 533—538 (1925).
Bolk, L.: Beobachtungen über Entwicklung und Lagerung von Pigmentzellen bei Knochenfischembryonen. Arch. mikr. Anat. 75, 414—434 (1910).
Brick, I., and H. C. Dalton: Tissue affinities of developing melanophores in the Mexican axolotl. J. exp. Zool. 154, 197—206 (1963).
Bytinski-Salz, H.: Chromatophorenstudien. II. Struktur und Determination des adepidermalen Melanophorennetzes bei Bombina. Verh. V. Int. Zellf.-Kongr., Zürich 1938. Arch. exp. Zellforsch. 22, 132—170 (1939).
— Chromatophore studies. III. Structural changes in the peritoneal melanophores in Pelobates syriacus. Bull. Res. Coun. Israel B 6, 155—169 (1957).
Dalton, H. C.: Relations between developing melanophores and embryonic tissues in the Mexican axolotl. In: M. Gordon, Pigment cell growth, p. 17—27. New York: Academic Press 1953.
Dawson, A. B.: The occurrence of regional distribution of perivascular melanophores within the optic lobes of the frog, Rana pipiens. Anat. Rec. 117, 37—48 (1953).
Dominic, C. J., and P. S. Ramamurthy: On the presence of pigment cells in the interstitium of the testes of some Indian birds. Naturwissenschaften 49, 139—140 (1962).
Duncker, H.-R.: Die extra-kutanen Pigmentierungen der Echsen (Sauria), dargestellt bei der Familie der Geckos (Gekkoniden). Math.-nat. Diss. Kiel 1964, S. 1—205.
— Verteilungsmuster der Organpigmentierung bei Echsen (Sauria) und ihre entwicklungsgeschichtlichen Aspekte. 60. Verh. Anat. Ges., Wien 1964. Ergänzungsh. zu Anat. Anz. 115, 421—428 (1965).
Dushane, G. P.: The embryology of vertebrate pigment cells. I. Amphibia. Quart. Rev. Biol. 18, 109—127 (1943).
— The embryology of vertebrate pigment cells. II. Birds. Quart. Rev. Biol. 19, 98—117 (1944).
Ecker, A., R. Wiedersheim u. E. Gaupp: Anatomie des Frosches, 2. Abt.: Lehre vom Nerven- und Gefäßsystem, 2. Aufl., S. 1—548. Braunschweig: F. Vieweg & Sohn 1899.
— — — Anatomie des Frosches, 3. Abt.: Lehre von den Eingeweiden, dem Integument und den Sinnesorganen, 2. Aufl., S. 1—961. Braunschweig: F. Vieweg & Sohn 1904.
Elias, H.: Die Hautchromatophoren von Bombinator pachypus und ihre Entwicklung. Z. Zellforsch. 24, 622—640 (1936).
Finnegan, C. V.: Ventral tissues and pigment pattern in salamander larvae. J. exp. Zool. 128, 453—479 (1955).

FIORONI, P.: Zur Pigment- und Musterentwicklung bei squamaten Reptilien. Rev. suisse Zool. 68, 727—874 (1961).
FISCHEL, A.: Beiträge zur Biologie der Pigmentzelle. Anat. Hefte 58, 1—136 (1920).
FITZPATRICK, TH. B., W. C. QUEVEDO jr., A. L. LEVENE, V. J. MCGOVERN, Y. MISHIMA, and A. G. OETTLE: Terminology of vertebrate melanin-containing cells: 1965. Science 152, 88—89 (1966a).
— — — — — — Terminology of vertebrate melanin-containing cells, their precursors and related cells: A report of the Nomenclature Commitee of the Sixth Int. Pigment Cell Conf. Sofia 1965. In: G. DELLA PORTA and O. MÜHLBOCK, Structure and control of melanocyte. Berlin-Heidelberg-New York: Springer 1966b.
FLEMMING, W.: Über die Teilung von Pigmentzellen und Kapillarwandzellen. Arch. mikr. Anat. 35, 275—286 (1890).
FUCHS, R. F.: Der Farbenwechsel und die chromatische Hautfunktion der Tiere. In: WINTERSTEIN, Handbuch der vergleichenden Physiologie, Bd. 3/1, S. 1189—1656. Jena: Gustav Fischer 1914.
GORDON, M.: Preface. In: M. GORDON, Pigment cell growth. New York: Academic Press 1953.
GUETTES, E.: Die Herkunft des Augenpigmentes beim Kaninchenembryo. Z. Zellforsch. 39, 168—202 (1953).
HALLER V. HALLERSTEIN, V.: Zerebrospinales Nervensystem. XIV. Hüllen des Zentralnervensystems. In: BOLK-GÖPPERT-KALLIUS-LUBOSCH, Handbuch der vergleichenden Anatomie der Wirbeltiere, Bd. 2/1, S. 309—318. Berlin u. Wien: Urban & Schwarzenberg 1934.
HARDER, W.: Anatomie der Fische. In: DEMOLL-MAIER-WUNDSCH, Handbuch der Binnenfischerei Mitteleuropas, Bd. II A. Stuttgart: E. Schweizerbart 1964.
HELMY, F. M., and H. M. HACK: The melanin pigment cell system of the ovary of frog and toad and of bidder's organ of the toad. Acta histochem. (Jena) 22, 324—332 (1965).
HOFFMANN, C. K.: Reptilien. II: Eidechsen und Wasserechsen. In: BRONN's Klassen und Ordnungen des Thier-Reiches, Bd. 6, III. Abt. Leipzig: C. F. Winter 1890.
KOECKE, H. U.: Die Differenzierung der Melanoblasten zu Melanocyten und die Bildung des Melanins in vivo beim Entenembryo (Khaki Campbell). Z. Zellforsch. 50, 238—274 (1959).
KOMNICK, H.: Über Herkunft, Bedeutung und Schicksal der Melanocyten im Cerebralliquor von Krallenfröschen (Xenopus laevis). Wilhelm Roux' Arch. Entwickl.-Mech. Org. 153, 14—31 (1961).
KRÜGER, P.: Über die Bedeutung der ultraroten Strahlen für den Wärmehaushalt der Poikilothermen. Biol. Zbl. 49, 65—82 (1929).
— Weitere Beiträge über die Faktoren des Wärmehaushaltes der Poikilothermen. Z. Morph. Ökol. Tiere 22, 759—773 (1931).
—, u. F. DUSPIVA: Der Einfluß der Sonnenstrahlung auf die Lebensvorgänge der Poikilothermen. Biol. generalis 9 II, 168—188 (1933).
—, u. H. KERN: Die physikalische und physiologische Bedeutung des Pigmentes bei Amphibien und Reptilien. Pflügers Arch. ges. Physiol. 202, 119—138 (1924).
LANDESMAN, R., and H. C. DALTON: Tissue environment and morphogenesis of axolotl melanophores. J. Morph. 114, 255—261 (1964).
LEHMAN, H. E.: An analysis of the development of pigment patterns in larval salamanders, with special reference to the influence of epidermis and mesoderm. J. exp. Zool. 124, 571—619 (1953).
—, and L. M. YOUNGS: Extrinsic and intrinsic factors influencing amphibian pigment pattern formation. In: M. GORDON, Pigment cell biology, p. 1—36. New York: Academic Press 1959.
LEYDIG, F.: Lehrbuch der Histologie des Menschen und der Tiere. Frankfurt a. M.: Meidinger & Co. 1857.
LIPPAY, F.: Über das Pigmentvorkommen im Bereich der quergestreiften Muskulatur bei Bufo viridis. Z. mikr.-anat. Forsch. 44, 207—213 (1938).
LUBNOW, E.: Die Bindegewebspigmentierung des japanischen Seidenhuhns. Verh. dtsch. zool. Ges., Erlangen 1955. Zool. Anz., Suppl. 19, 281—285 (1956).
— Die Pigmentierung des japanischen Seidenhuhns. Biol. Zbl. 76, 316—342 (1957).

LÜLING, H. K.: Melanophorenschutz über dem Gehirn bei kleinen Toxotes und anderen Oberflächenfischen. Bonner zool. Beitr. 8, 302—303 (1957).
MATHIS, J.: Chromatophoren im Hoden von Waldhühnern. Z. mikr.-anat. Forsch. 39, 243—249 (1936).
MCGUIRE, J., and H. MÖLLER: Response of melanocytes of dermis and epidermis to lightening agents. Nature (Lond.) 208, 493—494 (1965a).
— — Differential responsiveness of dermal and epidermal melanocytes of rana pipiens to hormones. Endocrinology 78, 367—372 (1965b).
NICHOLS jr., ST. E., and W. M. REAMS jr.: The occurrence and morphogenesis of melanocytes in the connective tissues of the PET/MCV mouse strain. J. Embryol. exp. Morph. 8, 24—32 (1960).
NIU, M. E.: Some aspects of the life history of amphibian pigment cells. In: M. GORDON, Pigment cell biology, p. 37—50. New York: Academic Press 1959.
PEHLEMANN, F. W.: Die Teilung dermaler Melanophoren von Xenopus laevis-Larven. Naturwissenschaften 53, 207 (1966).
— Experimentelle Beeinflussung der Melanophorenverteilung von Xenopus-laevis-Larven. Verh. Dtsch. Zool. Ges. Göttingen 1966. Zool. Anz., Suppl. 30, 571—580 (1967a).
— Der morphologische Farbwechsel von Xenopus-laevis-Larven. Z. Zellforsch. 78, 484—510 (1967b).
RAUTHER, M.: Chromatophorensystem. In: Bronn's Klassen und Ordnungen des Tierreichs, Bd. VI, 1. Abt., 2. Buch (Echte Fische), S. 49—124. Leipzig: Akademische Verlagsgesellschaft m.b.H. 1927.
RAWLES, M. E.: Behaviour of melanoblasts derived from the coelomic lining in interbreed grafts of wing skin. Physiol. Zool. 18, 1—16 (1945).
— Origin of pigment cells from the neural crest in the mouse embryo. Physiol. Zool. 20, 248—266 (1947).
— The integumentary system. In: A. J. MARSHALL, Biology and comparative physiology of birds, vol. I, p. 189—240. New York and London: Academic Press 1960.
REAMS jr., W. M.: An experimental study of the development of pigment cells in the coelomic lining of the chick embryo. J. Morph. 99, 513—547 (1956).
— Morphogenesis of pigment cells in the connective tissue of the PET mouse. In: WHIPPLE-SILVERZWEIG, The pigment cell; molecular, biological and clinical aspects. Ann. N.Y. Acad. Sci. 100, 486—495 (1963).
SCHALTENBRAND, G.: Plexus und Meningen. In: v. MÖLLENDORFF-BARGMANN, Handbuch der mikroskopischen Anatomie des Menschen, Bd. IV, Teil 2, S. 1—139. Berlin-Göttingen-Heidelberg: Springer 1955.
SCHMIDT, W. J.: Studien am Integument der Reptilien. I. Die Haut der Geckoniden. Z. wiss. Zool. 101, 139—258 (1912).
— Studien am Integument der Reptilien. IV. Uroplatus fimbriatus (Schneid.) und die Geckoniden. Zool. Jb., Abt. Anat. u. Ontog. 36, 377—464 (1913).
— Die Chromatophoren der Reptilienhaut. Arch. mikr. Anat. 90, 98—259 (1918).
SCHNAKENBECK, W.: Vergleichende Untersuchungen über die Pigmentierung mariner Fische. Z. mikr.-anat. Forsch. 4, 203—289 (1926).
ŠEĆEROV, S.: Die Umwelt des Keimplasmas. IV. Der Lichtgenuß im Lacerta-Körper. Wilhelm Roux' Arch. Entwickl.-Mech. Org. 34, 742—748 (1912).
SOKOLOV, W.: Skin adaptations of some rodents to life in the desert. Nature (Lond.) 193, 823—825 (1962).
— Pigment in the dura mater of mammals. Nature (Lond.) 198, 105—106 (1963).
SOLGER, B.: Über Ungleichheiten der Hoden beider Körperhälften bei einigen Vögeln. Arch. mikr. Anat. 26, 334—336 (1886).
STARCK, D.: Herkunft und Entwicklung der Pigmentzellen. In: J. JADASSOHN, Handbuch der Haut- und Geschlechtskrankheiten, Erg.-Werk I/2, S. 139—175. Berlin-Göttingen-Heidelberg-New York: Springer 1964.
STEVENS jr., L. C.: The origin and development of chromatophores of Xenopus laevis and other anurans. J. exp. Zool. 125, 222—246 (1954).
STIEVE, H.: Chromatophoren im Hoden des Auerhahnes (Tetrao urogallus L.) und des Birkhahnes (Lyrurus tetrix L.). Z. mikr.-anat. Forsch. 25, 441—453 (1931).

THUMANN, M.-E.: Die embryonale Entwicklung des Melanophorensystems bei Brachydanio rerio (Hamilton-Buchanan). Z. mikr.-anat. Forsch. **25**, 50—96 (1931).
TWITTY, V. C.: Chromatophore migration as a response to mutual influences of the developing pigment cells. J. exp. Zool. **95**, 259—290 (1944).
— Developmental analysis of amphibian pigmentation. Growth Suppl. **9**, 133—161 (1949).
— Intercellular relations in the development of amphibian pigmentation. J. Embryol. exp. Morph. **1**, 263—268 (1953).
—, and M. C. NIU: Causal analysis of chromatophore migration. J. exp. Zool. **108**, 405—438 (1948).
— — The motivation of cell migration, studied by isolation of embryonic pigment cells singly and in small groups in vitro. J. exp. Zool. **125**, 541—573 (1954).
WEIDENREICH, F.: Die Lokalisation des Pigmentes und ihre Bedeutung in Ontogenie und Phylogenie der Wirbeltiere. Z. Morph. Anthrop., Sonderh. **2**, 59—140 (1912).
WEISSENFELS, N.: Licht-, phasenkontrast- und elektronenmikroskopische Untersuchungen über die Entstehung der Propigmentgranula in Melanoblastenkulturen. Z. Zellforsch. **45**, 60—73 (1956).
WERNER, F.: Beiträge zur Anatomie einiger seltener Reptilien. Arb. zool. Inst. Wien **19**, 373—424 (1911).
WILDE jr., CH. E.: The differentiation of vertebrate pigment cells. In: ABERCROMBIE and BRACHET, Advances in morphogenesis, vol. I, p. 267—299. New York and London: Academic Press 1961.
ZENNECK, J.: Die Anlage der Zeichnung und deren physiologischen Ursachen bei Ringelnatterembryonen. Z. wiss. Zool. **58**, 364—393 (1894).
ZIMMERMANN, K. W.: Über die Theilung der Pigmentzellen, speciell der verästelten intraepithelialen. Arch. mikr. Anat. **36**, 404—410 (1890).

Sachverzeichnis

Acanthodactylus cantoris 9, 25
Agama bibroni 9, 18, 37
Agamidae 9, 24, 37
Algyroides fitzingeri 9
Amphibien 37, 40, 43, 45 ff.
Amphibolurus muricatus 9, 15, 37
Anguidae 9, 37
Anolis carolinensis 9, 27 ff., 31 ff., 44
Arachnoidea 10 ff., 13, 18, 19, 21 ff., 26, 28, 38, 41, 46
Augenmuskeln, äußere 10, 12, 18

Bindegewebe, lockeres 10 ff., 13, 15, 22 ff., 31 ff., 37 ff., 41, 43 ff., 47
—, retikuläres 10 ff., 29, 37, 39, 44, 47
—, straffes 10 ff., 31, 38

Calotes versicolor 9, 25 ff., 37
Chamaeleo jacksoni 9, 37
— *pumilus* 9, 37
— *ventralis*, 9, 18, 37
Chamaeleontidae 9, 37

Darm 10, 31, 33 ff., 42
Dura mater 10, 14, 18, 31 ff., 35, 38, 44, 46

Erythrophoren 10
Eublepharinae 37

Fascia subcutanea 23, 27, 29, 44, 46
Fettgewebe 10, 12, 16, 18, 22, 27, 29, 39, 42, 44, 46
Fettkörper, abdominaler 12, 13 ff.
Fibrocyten 12, 31 ff., 36, 38 ff., 46

Gefäße 10, 13 ff., 16, 19, 25 ff., 30 ff., 35, 38, 41, 44 ff.
Gekko spec. 37
Gekkonidae 9, 24, 29, 37
Gerrhonotus coeruleus 9, 14 ff.
Guanophoren 10, 37, 45

Haut 10, 23, 27 ff., 34, 37, 39, 40 ff., 43 ff.

Iguanidae 9, 24, 37

Keimdrüsen 10, 31, 35
Knochen 10 ff., 33, 38

Knochenmark 10, 12, 16, 22, 27, 29, 39, 42, 44, 46
Knorpel 10 ff., 33, 38

Lacerta sicula campestris 9, 12
— *viridis* 9, 12, 15, 20, 44
Lacertidae 9, 24, 37
Liolepis bellii 9, 31
Lygosoma smaragdinum 41

Mabuya trivittata 9, 14, 23
Melanoblasten 37 ff., 42, 44, 46 ff.
Melanocyten, cutane 11, 13, 17, 25, 27, 34, 36, 39 ff., 44 ff.
—, extracutane
—, Abstand der, gegenseitiger 17, 19, 39 ff.
—, Aggregation der 19 ff., 40 ff., 44
—, Anlagerung der, dreidimensionale 10, 16, 18, 39
—, —, flächige 11, 13, 16, 24, 29 ff., 38 ff.
—, Areal der 17, 19, 28, 39 ff., 43 ff.
—, Dichte der 8 ff., 17, 19, 21 ff., 29, 38 ff., 45 ff.
—, Form der 11 ff., 13 ff., 17, 19 ff., 22 ff., 24 ff., 27, 40 ff., 47
—, Golgiapparat der 34, 36
—, Größe der 24 ff., 29, 43 ff., 46
—, Grundform der 11 ff., 17
—, Gruppenbildung der 20, 40 ff., 44
—, Herkunft der 36
—, Mitochondrien der 34 ff., 45 ff.
—, Musterbildung der 16, 26, 37, 40, 44
—, Netzbildung der 19 ff., 40 ff., 44
—, Organspezifität der 10, 13, 17, 24, 42
—, Ortsspezifität der 13, 21, 23 ff., 37, 41 ff., 46
—, Teilung der 28 ff., 45 ff.
—, Wachstum der 29, 45 ff.
Melanosomen 26, 33 ff., 44 ff.
—, Ausbreitung der 27 ff., 46
—, Verteilung der 16, 26, 32, 34 ff., 45 ff.
Mesenterium 10, 17, 20, 23, 31, 33, 35, 40 ff.
Mesosalpinx 14, 22 ff., 41
Muskelfascien 10, 14 ff., 17, 19, 28, 31, 35, 38
Muskulatur 10, 14, 16, 22, 25, 33 ff., 38, 44

Sachverzeichnis

Nerven 10, 14, 16, 19, 25, 30ff., 35ff., 38, 41
Niere 10, 12, 17, 20, 40ff., 44

Oesophagus 10, 14, 18ff., 26

Perichondrium 10, 14, 38
Perikard 10, 16ff., 20ff., 23, 31, 33, 35, 40ff., 44, 46
Periost 10, 14, 38
Peritonaeum 10ff., 19ff., 22ff., 25ff., 28ff., 33, 35, 38, 40ff.
Pharynx 10, 14, 18ff., 26
Phelsuma madagascariensis 9, 12, 14, 23, 26ff., 29, 34ff., 37, 44, 46
Psammodromus algirus 9, 25

Rectusscheide 19, 23, 29, 30

Säuger 37, 45
Sceloporus occidentalis 9, 20, 25, 37, 44
Scincidae 9, 24, 37, 41
Sehnen 10, 31, 33
Sklera 8, 38
Sphenomorphus quoyi 9, 15, 18, 20, 44

Tarentola delalandii 9
— *mauritanica* 9, 11, 21, 26, 28, 37, 41, 46
Teiidae 9, 37
Teius teyou 9, 26, 46
Teleostier 37, 41, 43, 47
Tropidurus semitaeniatus 9, 12, 37

Uroplatus fimbriatus 9

Vögel 36ff., 46ff.

Xanthophoren 10, 37

Nereis 10, 14, 16, 18, 25, 30ff., 35ff., 38.
Nitra 10, 13, 15, 20, 40ff., 44.

Oncoplanus 20, 24, 15ff., 26.

Perlophthorus 10, 14, 33.
Percidae 10, 14ff., 20ff., 24, 31, 34, 36, 43ff., 46, 49.
Perilampus 10, 14, 35.
Perileucaspis 10ff., 19ff., 23ff., 26ff., 34ff., 38, 30, 35, 40ff.
Phoxinus 10, 15, 18ff., 26.
Phoxinus aphya cuvieri... 9, 18, 16, 23, 30ff., 29, 34ff., 37, 44, 46.
Psammochromis Linnerte 16, 23.

Rectoscinsis 15, 23, 28, 30.

Saurus 25, 43.
Scleropages oxidentalis 9, 20, 30, 37, 41.
Scleropagus oxidentalis 9, 20, 30, 37, 41.
Sebasdes 10, 21, 25.
Silurus 9, 20.
Synentognathi grupp 9, 15, 18, 20, 41.

Teuthidae oxylophi.. 9.
mediterraea... 9, 13, 21, 25, 28, 37, 41, 46.
Teutides 9, 37.
Tetrabrance 9, 25, 40.
Telostei 33, 41, 46, 47.
Tredochus esculentus 9, 18, 37.

Urophinis Branchiola 9.

Vogel 30ff., 40ff.

Xantzophorus 10, 37.

MIX
Papier aus verantwortungsvollen Quellen
Paper from responsible sources
FSC® C105338

If you have any concerns about our products,
you can contact us on
ProductSafety@springernature.com

In case Publisher is established outside the EU,
the EU authorized representative is:
**Springer Nature Customer Service Center GmbH
Europaplatz 3, 69115 Heidelberg, Germany**

Printed by Libri Plureos GmbH
in Hamburg, Germany